标准化牛场

标准化牛舍

砖结构牛舍

钢结构牛舍

牛舍休息场

牛舍通道

牛舍饮水槽

肉牛饮水

牛体刷拭

牛粪清理

肉牛采食

水泥食槽

TMR-混合车

牛舍标牌

肉牛耳标

牛舍清理

TMR系统-自动喂料运输车

大门口消毒池

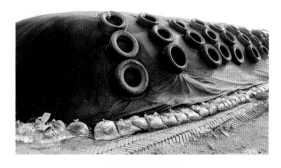

饲料青贮窖

饲料青贮设备

地面消毒

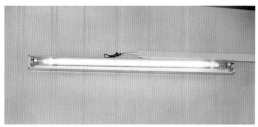

紫外线消毒

进出生产区消毒

进出牛舍消毒盘

沼气系统–储气罐

喷雾消毒

自动牛体刷

沼气系统反应器

沼气系统-发电系统

沼气系统-粪尿传送

沼气系统-粪尿池

沼气系统-脱硫、脱水系统

肉牛提质增效健康养殖关键技术

牛　晖　陈付英　主编

中原农民出版社
·郑州·

图书在版编目（CIP）数据

肉牛提质增效健康养殖关键技术 / 牛晖，陈付英主编 . —郑州：中原农民出版社，2022.12
ISBN 978-7-5542-2643-8

Ⅰ . ①肉… Ⅱ . ①牛… ②陈… Ⅲ . ①肉牛－饲养管理
Ⅳ . ① S823.9

中国版本图书馆 CIP 数据核字（2022）第 209707 号

肉牛提质增效健康养殖关键技术
ROUNIU TIZHI ZENGXIAO JIANKANG YANGZHI GUANJIAN JISHU

出 版 人：刘宏伟
策划编辑：朱相师
责任编辑：卞　晗
责任校对：韩文利
责任印制：孙　瑞
封面设计：陆　斌
版式设计：杨　柳

出版发行：中原农民出版社
　　　　　地址：郑州市郑东新区祥盛街 27 号 7 层　　邮编：450016
　　　　　电话：0371-65788655（编辑部）　　0371-65788199（发行部）
经　　销：全国新华书店
印　　刷：新乡市豫北印务有限公司
开　　本：710mm×1010mm　1/16
印　　张：10.5
彩　　插：8
字　　数：178 千字
版　　次：2022 年 12 月第 1 版
印　　次：2022 年 12 月第 1 次印刷
定　　价：30.00 元

如发现印装质量问题，影响阅读，请与印刷公司联系调换。

目　录

第一章 概 述

　　随着我国经济的快速发展、人民生活水平的提高和膳食结构的改善,市场对牛肉的需求量不断增加,肉牛产业迅速发展。发展养牛业不仅能帮助农民增收致富,而且还能带动饲料、兽药、食品加工等行业发展,解决农作物秸秆的过腹转化等问题。在部分地区,肉牛养殖已经成为区域经济发展和乡村产业振兴的新亮点,成为巩固脱贫攻坚成果和乡村振兴的有效抓手。因此,高质量发展肉牛产业,加快肉牛的品种改良、创建肉牛品牌尤为重要。这也是肉牛产业提质增效的有效路径和解决方案。

第一节　发展养牛业的重要意义

　　随着我国工业化和城镇化的快速推进,人口数量的增加和城乡居民生活水平的提高,粮食需求将呈刚性增长。受耕地减少、资源短缺等因素制约,我国粮食的供求将长期处于紧平衡状态,保障粮食安全任务艰巨。发展节粮型畜牧业是保障畜产品有效供给、缓解粮食供求矛盾、丰富居民膳食结构的重要措施。发展肉牛业,提高草食家畜比重,有利于合理调整农业产业结构和畜牧业结构,发展农业循环经济。牛的瘤胃内有丰富的细菌、纤毛虫、真菌等,对粗纤维的消化率为50% ~90%,能充分利用各种青粗饲料和农副产品。河南是农业大省,是我国重要的粮食主产区之一,也是全国秸秆产量最多的地区之一。农作物秸秆经牛消化后形成的粪便,发酵处理后,便又成了优良的有机肥,这便是过腹还田。从种植到养殖,玉米秸秆为养殖场提供了大量优质青贮饲料,而养殖场产生的粪污又被农作物利用,既解决了农作物秸秆问题,又解决了饲料来源问题,达到了种养的良性循环。

第二节　肉牛养殖业新特点

　　突如其来的新型冠状病毒肺炎(新冠肺炎)疫情和牛结节皮肤病,让肉牛产业损失巨大,加快了产业链上经营主体的新陈代谢。一些养殖户(场、企业)退出了养牛行业,同时又有一些新资本注入肉牛产业。新冠肺炎疫情的全球性暴发,也影响了我国的肉牛产业,使之呈现出一些新的变化,具体如下:

一、肉牛的价格和养殖成本上升

　　肉牛的价格一路攀升,养殖成本同时上涨;肉牛存栏量、牛肉产量及养牛从业人口数量有所下降;小牛与育肥牛的价格倒挂现象进一步加剧;开发利用本地牛,"以用促保、保用结合"强化产业特色。

　　新冠肺炎疫情对养牛产业的深刻影响、行业间比较效益的驱使、资源与环境成本上升的压力、牛源不足、小牛与育肥牛价格倒挂,深刻地影响着肉牛市场的各个环节。小牛与育肥牛的价格倒挂,真实反映了母牛产能不足(存栏量少、繁殖效率低)、小牛供给不足而育肥牛市场需求量巨大的供求关系,折射出了育肥、屠宰、销售和消费产业链四节点对母牛养殖进行的市场化反哺和拉动,这一力度和能量远大于"见犊补母"等政策。但价格倒挂现象在市场和政策的长期合力调控下仍得不到缓解,反而逐年加剧,说明除刚性需求因素外,可能还有其他因素需要深度关注。

目前我国的肉牛养殖生产结构以杂交群体为主,以地方黄牛为辅。杂交群体中,品种存栏量由多到少依次是西门塔尔牛、夏洛莱牛、安格斯牛、利木赞牛及其他进口品种与我国黄牛的杂交后代,其中以西门塔尔杂交牛为主体。由于新冠肺炎疫情的持续影响,国外肉牛品种引入受阻,地方品种开启了资源保护与利用相结合、开发与创新相融合的模式。如通过进一步大力推进本地牛产业来强化产业特色,通过因地制宜增加肉牛品种,丰富产品种类,满足市场需求。

二、科技对肉牛产业的贡献力提升

1. 遗传育种与繁殖领域

肉牛产业发达的国家不断推进品种选育,追求种牛的高遗传水平和育种收益的最大化,品种生产性能持续提高。利用杂交优势的品种进行杂交生产也是他们的重要研究内容。每1~2年的多品种间的育种值(EPD)比较可供商品生产场参考,以助于养殖场选择高效益的杂交组合。肉牛业发达国家在完善传统育种技术的同时,对肉牛主要性状的基因也进行了重点研究。

活畜采卵、体外授精、克隆等技术是繁殖学科的重点研究内容,特别是体外授精、克隆等技术,发展迅速。胚胎移植技术的应用,加快了优秀种质的扩繁效率。肉牛育种数据的智能化收集系统进一步发展,加快了遗传进展。全基因组选择技术在肉牛育种中的应用范围逐步扩大,特别是基因组选择技术在早期选择上的应用更为广泛,提高了育种效益。近年来,受新冠肺炎疫情和国际贸易环境变化的影响,美国、澳大利亚等向中国市场推销种质肉牛的步伐有所放缓。

2. 饲料营养领域

持续开展肉牛饲料营养价值研究,如对热带豆科牧草、棕榈仁饼、腰果加工副产品、转基因大豆和饲用芸薹属植物(如油菜和羽衣甘蓝)等的研究。开展肉牛营养需要研究,促进精准饲养,深入研究维生素和矿物元素的营养需要,逐步建立特定品种肉牛如瘤牛生长的净蛋白质需要量预测模型。重视开发低成本饲料资源,如揉丝稻草、揉丝麦秸等(图1-1),降低养殖成本,如在饲料中添加羊刀豆副产品、甜豌豆、缓释尿素等。注重饲料加工利用技术研究,使用混合乳酸菌接种改善全株玉米青贮品质(图1-2),利用微生物和生物酶制剂处理中性洗涤纤维。提高肉牛饲料转化效率一直是研究热点,如北美和欧洲利用剩余采食量来评价肉牛饲料消化率、生长速度和饲料利用效率,使用丝兰提取物提高肉牛生长速度和饲料效率,在犊牛饲养前期饲用发酵产品提高断奶后犊牛对饲料的利用率。

图1-1　揉丝稻草

图1-2　玉米青贮

重视养殖模式对母牛和犊牛健康的影响,强化母牛在妊娠期和产犊期的营养代谢和体况评分;研究营养、环境和疾病等对犊牛生长的影响,如缺铜会降低肝脏铜含量,日粮低钙磷比会刺激骨骼钙磷代谢;研究精饲料添加频率对放牧牛的生产性能和代谢的影响。

重视肉牛饲养与环境保护,如热带牧草添加尿素或菜籽粕可改善瘤胃发酵模式,减少甲烷排放;利用藻类补充剂、茶皂素、缓释硝酸盐、金合欢提取物等减少肉牛养殖中的甲烷生成。

提高肉牛生产性能和改善肉质一直是肉牛养殖研究重点。利用蛋白质组学和分子生物学方法研究肉牛品种、瘤胃微生物和机体养分沉积的关系;注重功能性饲料添加剂对肉牛生产性能和肉质的影响,如通过添加维生素 A、酵母、丙酸锌、白藜芦醇等改善肉牛生产性能、胴体特性和牛肉品质。

基于上述研究及因特网技术,可发展智慧牧场,强化大数据建设,继而支撑肉牛产业提质增效、高质量发展。

3. 疫病防治与控制领域

在牛用疫苗的研发方面,纳米颗粒疫苗已经成为传统疫苗提档升级的替代品。纳米颗粒疫苗包含多种抗原有效载荷,并具有保护蛋白质免于降解的功能。除此以外,合成纳米颗粒疫苗可通过鼻内、气雾剂或口服给药靶向递送,也可以诱导黏膜免疫。雾化的金黄色葡萄球菌裂解液能有效刺激犊牛肺部先天免疫反应。犊牛鼻内疫苗接种不会降低呼吸综合征的发生率或死亡率,但可显著改善起运 17 天或大龄犊牛运输后的增重率。

在牛用诊断技术开发方面,微滴式数字聚合酶链反应(ddPCR)检测方法不需抽提 DNA,且能够区分包含 stx 基因的大肠杆菌样品。$Fe_3O_4@CuS$ 纳米结构能增强细菌捕获能力,在检测大肠杆菌样本时具有高度灵敏性。重组酶聚合酶扩增技术可直接灵敏、准确检测深鼻咽拭子中 4 种 BRD 病原体、耐药基因和结合元件。

寻找非抗生素的疫病控制方法也是当前疫病防控的热点。联合使用 PD - L1 抗体与 COX - 2 抑制剂治疗犊牛支原体感染,效果良好。大豆异黄酮和茶皂素可抑制无乳链球菌的生长并抑制其生物膜的形成。来自血清 2 型和血清 9 型的猪链球菌前噬菌体内溶酶 PlySs2 和溶酶 PlySs9,能裂解所有乳房链球菌分离株,可作为乳腺内抗生素的候选替代品。

4. 设施设备与环境控制领域

国外肉牛工厂化生产发展迅速,从饲料加工配合(图1-3)、清粪、饮水、疫病诊断等方面提高了肉牛产业的机械化、自动化和科学化程度。故障自动检测预警、维护保养简易化、机组作业配套等提升整体装备作业效率的技术在不断完善,青贮饲料收获机械(图1-4)实际作业效率已超过40吨/时。养殖设施及管理更注重提高智能化程度,减少人力资源输出,对重点领域、关键环节进行信息化、智能化管理,如利用智能化数据采集系统构建规模化育种体系,借助智能项圈进行发情探测、营养调控及智能分隔门等。

图1-3 立式饲料搅拌车

图1-4 青贮饲料收获

繁殖母牛基本以散养为主,犊牛由传统 7~8 月龄断奶开始向 2~3 月龄早期断奶过渡。环境控制方面,研究主要集中在以减排为目标的营养调控技术和动物福利改善方向,利用牛场温室气体在线监测和因特网数据传输实现远程评估不同类型日粮降低温室气体排放的效应,以及清粪和活动空间变化对肉牛养殖福利和生产性能的影响,进而提高饲养管理水平和效益。

国外牛场粪污处理与利用研究仍以能源化利用为主,资源化利用为辅。在牛粪能源化利用方面,研究集中在尝试使用不同种类的发酵底物及添加剂,以提升沼气质量和产量,降低废气的排放。在资源化利用方面,主要通过改进堆肥条件、使用调理剂,减少氮肥的损失和温室气体的排放,如研究发现在堆肥过程中添加蛭石可达到保氮的作用,促进腐熟,并一定程度提高产物的钙、镁含量。

5. 加工与品质控制领域

在肉牛屠宰加工方面,进一步研究屠宰过程中动物管理与应激的关系及其对牛肉品质的影响。研究如何利用超声波、冲击波通过加快成熟、改变肌肉结构提高牛肉嫩度。研究成熟时间、成熟类型对肉质的影响。研究在不同极限 pH 下牛肉肉色的形成机制及其对肉质的影响。

在牛肉制品加工方面,研究了益生菌对生鲜牛肉香肠品质、脂肪替代物对乳化肠品质的影响。重视人体对牛肉的消化吸收和它的功能性产品,有学者研究了真空烹饪技术对提高牛肉质量和消化率的影响,以及通过超声处理和添加蒲公英促进腌制牛肉中抗氧化肽的产生。

在牛肉品质控制方面,高度关注了利用天然提取物、噬菌体、超高压、脉冲辐射及栅栏技术抑制微生物、延长货架期等方面;评价了细菌纤维素、纳米银与细菌纳米纤维素复合物、明胶 – 壳聚糖纳米纤维 – 氧化锌纳米复合膜等新型包装材料对牛肉货架期和品质的影响;进一步诠释外源酶嫩化和内源酶对肉嫩度的影响和作用机制;代谢组学在研究黑切肉的产生、牛肉味觉呈现的机制中得到应用;蛋白质组学确定了宰前应激、中间型和高极限 pH 牛肉肉色的生物标记物。

在牛肉安全快速检测方面,快速无损检测技术因其灵敏度高、准确度高、效率高等,仍是研究的热点。基于拉曼光谱、近红外光谱和高光谱等光谱技术对牛肉掺假、剪切力、蒸煮损失、肌内脂肪、新鲜度、微生物水平等特性进行预测,提高了光谱技术在牛肉快速无损检测中的实用价值。建立了 PCR 技术快速检测牛肉中微生物生长动力学、致病菌、牛肉成分、肉类掺假的方法。开发了电化学复合牛肉鲜味检测电极和基于比色传感器的电子鼻,通过改善信号处理提高了电子鼻的检测能力,并将电子鼻及气相色谱—质谱结合应用到牛肉品质控制中。

6. 产业经济领域

2020 年,国际肉牛产业经济研究主要集中在肉牛生产与环境之间的关系、肉牛饲料效率、生产要素与经营生产关系等方面。在肉牛生产与环境之间关系方面,比较 4 个环境维度(温室气体、生态毒性、侵蚀和生物多样性)显示出更高的生态毒性和对生物多样性的影响同时,预测了不同生产情景下的未来牛肉产量和对环境的影响,发现在阿根廷,牛肉产量有可能增加 15%,但不会显著增加对该地区的环境影响。研究从草地管理、动物补饲、环境和草地集约化的社会经济学等方面进行了综述。在肉牛饲料效率方面,通过模拟分析发现 SRU 对 LWG 和 FE 的积极作用,通过降低饲料成本和降低牛肉生产的排放强度来提高盈利能力。在生产要素与经营生产关系方面,采用 SPSS 18.0 软件进行卡方分析,发现经营面积大小与经营规模有显著关系,此外,定量 SWOT 矩阵分析结果表明,可以通过应用饲料加工技术、繁殖技术和废物处理技术来实现肉牛多样化发展。

第二章　肉牛的生物学特性

　　牛在自然选择和人工选择的条件下,逐渐形成了独特的生活、消化、繁殖等特性。自然生态条件和社会因素对牛的生态特征、体型大小、体态结构影响较大,同时也直接影响其体温调节和消化代谢机能。了解肉牛的这些特性,有助于科学地饲养管理,提高养殖经济效益。

第一节 环境适应性

我国幅员辽阔,地形结构复杂多样。在特定的环境条件下,经过漫长的自然选择和人工选择,形成了与地势、地形、气候、降水量、土壤等指标密切相关、适应当地环境的黄牛品种。依照地域可以分为北方黄牛、中原黄牛和南方黄牛,这些牛对其所处的自然环境有很好的适应性。近年来,我国陆续引入了一些专用或兼用的牛品种。这些牛经过长期的风土驯化,也逐渐适应了我国的环境。

一、耐寒不耐热

牛体型较大,单位体重的体表面积小,皮肤散热比较困难,因此,牛比较怕热,但具有较强的耐寒能力。肉牛对气温很敏感,适宜生长温度一般在 5 ~ 15 ℃,气温过高或过低都会影响其生产性能。当外界环境温度超过 27 ℃时,牛的直肠温度开始升高,当牛的体温超过 40 ℃会出现热性喘息。牛在 − 18 ℃的环境中,仍能维持正常的体温,但处在低温环境时需消耗更多的能量来维持体温,造成饲料转化率降低。

二、喜干不喜湿

牛不喜欢潮湿的环境,湿度对牛的影响与温度密切相关。在高温的环境中,如果湿度过大,会影响牛体汗液蒸发,加剧热应激;在低温的环境中,如果湿度过大,牛的体热损失过快,维持正常体温会要消耗更多饲料。牛适宜的相对湿度为 50% ~ 70%,此时有利于发挥其生产潜力。夏季相对湿度超过75%,牛的生产性能明显下降,牛会不增重甚至掉膘。

三、抗病性

牛的抗病性能与品种及个体的生理状态有关。引入的肉牛品种比地方品种增重快,但对环境的应激更敏感。在相同的饲养管理条件下,引入的肉牛品种消化和呼吸疾病的发病率高于地方品种。地方品种虽然生产性能较低,但具有适应性强、耐粗饲、适应本地气候条件等优点。

第二节　生活习性

一、记忆力强

牛的记忆力强,对接触过的人和事印象深刻,能很快熟悉并接受新环境。根据这个特点,日常管理要求定时定点饲喂、饲喂程序固定、饲养员固定等。牛性格温驯,但是也有脾气,如果粗暴对待牛,就会降低牛对畜主(饲养员)的依恋性,不仅使生产受损,牛也会寻机报复,对畜主(饲养员)造成伤害。

二、群居性

牛具有群居性,活动或放牧时,牛喜欢3~5头结伴活动,但并不紧靠在一起。若干头在一起组成牛群时,经过争斗建立起地位排序,优势者在各方面优先,即抢食其他牛的饲料、抢饮水、抢先出入牛舍等,因此必须分群。分群时应考虑牛的年龄、体重、健康状况和生理因素等,以避免弱势牛采食不到饲料。

三、竞食性

牛在自由采食时会相互抢食,可利用这一特点使用通槽增加牛的采食量。

第三节　消化特点

一、牛的消化器官

牛的消化器官由口腔、咽、食管、胃、肠、肛门及腺体组成。牛是反刍家畜,有4个胃室,即瘤胃、网胃、瓣胃、皱胃(即真胃),见图2-1。前3个胃的黏膜内无腺体,主要起储存食物和发酵、分解纤维素的作用,称为前胃。皱胃黏膜内有消化腺,具有真正的消化作用,所以又称为真胃。

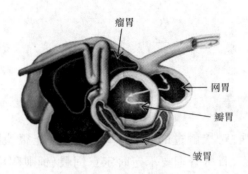

瘤胃

网胃

瓣胃

皱胃

图 2 - 1　牛胃示意图

瘤胃是牛体内最大的胃,占整个胃的80%,内有庞大的微生物群落,瘤胃内细菌和真菌数多达250亿~500亿个/毫升,原虫数达21万~50万个/毫升。瘤胃内微生物能消化纤维素,为牛体提供60%~80%的能量需要;微生物还能合成B族维生素和大多数必需氨基酸。这些微生物被消化液消化后,也为牛提供蛋白质及其他营养物质。网胃内壁呈网状,是牛的4个胃中最小的胃,约占成年牛胃总容积的5%。瓣胃约占成年牛胃总容积的8%。皱胃约占成年牛胃总容积的8%,是4个胃室中唯一能分泌消化液的胃。饲料中的大部分物质可在皱胃中进行初步消化,相当于非反刍家畜的单胃。

二、牛的消化生理

1. 反刍

反刍也叫作倒沫或倒嚼,是指某些动物将进入瘤胃内半消化的食物返回到口腔重新咀嚼后再咽下,是反刍家畜特有的生理现象。饲料经过反复咀嚼后,颗粒变小,才能被瘤胃消化吸收。通常牛每天采食后半小时左右开始反刍,成年牛每昼夜反刍10次,青年牛每昼夜反刍10~16次,每次反刍持续40~50分。每天的反刍时间6~8小时。在牛的消化过程中,反刍的作用极为重要。

2. 嗳气

瘤胃中寄居的大量细菌和原虫的发酵作用,使瘤胃内产生挥发性脂肪酸和多种气体,从而导致胃壁张力增加,压力感受器兴奋并将兴奋传至延脑,引起嗳气反射。瘤胃由后向前收缩,压迫气体移向瘤胃前庭,部分气体由食管进入口腔吐出,这一过程称为嗳气。成年牛昼夜可产生气体600~1 300升,牛平均每小时嗳气17~20次。

3. 食管沟反射

食管沟始于贲门,延伸至网胃、瓣胃口,是食管的延续。食管沟的唇状肌收缩时是中空闭合的管子,可使食团穿过瘤胃、网胃而直接进入瓣胃。哺乳期犊牛吸吮乳汁时,引起食管沟闭合,称食管沟反射。这样可使乳汁直接进入瓣胃和皱胃内,防止乳汁进入瘤胃、网胃而引起细菌发酵和消化道疾病。一般情况下,青年牛和成年牛食管沟反射会逐渐消失。

4. 唾液分泌

为消化粗饲料,牛会分泌大量富含黏蛋白和缓冲盐类的唾液,一头成年牛一昼夜分泌唾液 100～200 升。唾液中含有碳酸盐和磷酸盐等缓冲物质,对于维持瘤胃内环境(中和过量酸)、浸泡粗饲料以及保持氮素循环起着重要的作用。

第四节　繁殖特点

牛是单胎家畜,常年发情。母牛进入初情期后,每隔一段时间就会出现一次发情,肉牛的发情周期平均为 21 天。一般 14～18 月龄,后备母牛的体重达到成年牛体重的 65%～70% 就可以进行配种,妊娠期平均为 280 天。种公牛1.5 岁开始配种。肉牛的繁殖能力都有一定的年限,年限长短因品种、饲养管理及牛的健康状况不同而有差异。母牛的配种使用年限为13～15 年,9～11胎;公牛为 5～6 年。超过繁殖年限,公、母牛的繁殖能力会降低,应及时淘汰。

第三章　肉牛的主要品种

　　肉牛产业是畜牧业的重要组成部分,良种是肉牛产业健康持续发展的物质基础。近年来,我国肉牛选育进入了联合育种的新时期,遗传改良工作加快推进,良种繁育体系逐步完善,生产性能测定体系逐步建立,地方遗传资源开发利用得到重视和加强。目前,随着国家重视程度的不断提高及育种新技术的推广应用,我国肉牛种业正稳步进入"快车道"。

第一节　国际肉牛品种

一、夏洛莱牛

1. 原产地

夏洛莱牛（图3-1）原产于法国的夏洛莱等地，最早为役用牛，适应性良好，世界上很多国家都引入夏洛莱牛作为肉牛生产的种牛。

图3-1　夏洛莱牛

2. 外貌特征

夏洛莱牛体大力强，毛色为乳白色或白色，皮肤及黏膜为浅红色。头部大小适中而稍短宽，额部和鼻镜宽广。角圆而较长，向两侧前方伸展，角质蜡黄。颈粗短，胸宽深，肋弓圆，背直，腰宽，尻长而宽，躯体呈圆筒状。骨骼粗壮。全身肌肉丰满，背、腰、臀部肌肉块明显，肌肉块间沟痕清晰，常呈"双肌"现象。四肢长短适中，站立良好。成年公牛活重1 200～1 300千克，体高约142厘米；成年母牛活重800～900千克，体高约132厘米。

3. 生产性能

夏洛莱牛增重快，尤其是早期生长阶段，瘦肉率高。哺乳期日增重，公犊约1 296克，母犊约1 060克。在良好的饲养条件下，6月龄公牛可以达到250千克，母牛达210千克。夏洛莱牛的平均屠宰率为65%～68%，胴体产肉率为 80% ~ 85%。年产奶量为 1 700 ~ 1 800 千克,乳脂率为 4.0% ~ 4.7%,能有效保证犊牛生长发育的需要。母牛初情为 13 月龄,初配为 17 ~ 20 月龄。

4. 杂交改良我国黄牛的效果

山西、河北、河南、新疆等地应用夏洛莱牛与我国本地黄牛杂交,杂交一代体格明显增大,生长发育快,增重显著,杂交优势明显。由于杂交一代初生重增大,难产率偏高。在饲草饲料条件差的条件下,杂交一代犊牛断奶前后生长受阻,其生产潜力不能得到充分发挥,杂交二代表现更为明显,规模化饲养企业应重点关注这个阶段的饲养管理。

在我国,夏洛莱牛是肉牛生产配套系的父本和轮回杂交的亲本。我国培育的肉牛品种"夏南牛"就是由夏洛莱牛与南阳牛杂交培育而成的,含 37.5% 的夏洛莱牛血统,62.5% 的南阳牛血统。

二、利木赞牛

1. 原产地

利木赞牛(图 3 - 2)原产地为法国中部的利木赞高原,原为役肉兼用牛,从 1850 年开始选育,1883 年建立利木赞牛良种登记簿,1900 年后向瘦肉较多的肉用方向选育,是法国第二个重要肉牛品种。

图 3 - 2　利木赞牛

2. 外貌特征

利木赞牛体型高大，毛色为黄红色或红黄色，口鼻、眼、四肢内侧及尾帚毛色较浅（即"三粉"特征）。头较短小，额宽，口方。公牛角稍短色白并向两侧伸展，母牛角细且向前弯曲，垂肉发达。体格比夏洛莱牛小，胸宽而深，体躯长，全身肌肉丰满，前肢肌肉虽发达，但不及典型的肉牛品种。四肢较细。成年公牛体重为950～1 200千克，体高为140厘米；母牛体重为600～800千克，体高为130厘米。

3. 生产性能

利木赞牛初生重较小，公犊为36千克，母犊为35千克，难产率较低。肉用性能好，生长快，肉质嫩，瘦肉率高，8月龄小牛就可生产具有大理石纹的牛肉，是出产小牛肉的主要品种。周岁体重可达450千克，比较早熟，如果早期生长不能得到足够的营养，后期的补偿生长能力则较差。屠宰率63%以上，净肉率52%以上。年产奶量为1 200千克，乳脂率为5%。母牛初情期为1岁左右，初配年龄是18～20月龄。繁殖母牛空怀时间短，两胎间隔平均为375天。适应性强，对牧草要求不严格，耐粗饲，食欲旺盛，喜在舍外采食和运动。

4. 杂交改良我国黄牛的效果

山东用利木赞牛改良本地鲁西黄牛。利鲁杂交一代牛体型趋向于父本，前胸开阔，后躯发育良好，肌肉丰满，呈典型的役肉兼用体型；毛色与鲁西黄牛一致，并具有明显的"三粉"特征，耐粗饲，适应性强。

三、安格斯牛

1. 原产地

安格斯牛（图3－3，图3－4）为古老的小型肉牛品种，原产于英国苏格兰北部的阿伯丁和安格斯地区，其起源已无法考证。1862年开始良种登记，1892年建立良种登记簿，不久该牛即输往欧美许多国家，逐渐分布于世界各地。最近几十年来，一些国家不断选育，培育出了红安格斯牛。该品种于20世纪70年代被我国引入。

图 3 - 3 黑安格斯牛

图 3 - 4 红安格斯牛

2. 外貌特征

安格斯牛体型小,为早熟体型。无角,头小额宽,头部清秀。体躯宽深,背腰平直,呈圆筒状,全身肌肉丰满,呈圆筒状,骨骼细致,四肢粗短,左右两肢间距宽,蹄质结实。被毛均匀而富有光泽,黑安格斯牛毛色为黑色;红安格斯牛毛色暗红或橙红,犊牛被毛呈油亮红色。成年公牛体重为 800～900 千克,体高为 130 厘米;母牛体重为 500～600 千克,体高为 119 厘米。红安格斯牛的成年体重略低于黑安格斯牛。

3. 生产性能

犊牛初生重小,为 25～32 千克,红安格斯牛的初生重低于黑安格斯牛;母牛难产率低,犊牛成活率高。在良好的草场条件下,从初生到周岁可保持0.9～1千克的日增重水平。红安格斯牛是世界公认的典型肉牛品种,有优秀的肉用性能和极强的适应性,在粗放条件下饲养,屠宰率可达60%～65%。该品种早熟易肥,胴体品质和产肉性能俱佳,被认为是世界肉牛品种中肉质上乘者,适合东、西方两种风格的牛肉生产。安格斯牛初情期为12月龄,初配年龄是18～20月龄,连产性好。年产奶量为639～717千克。安格斯牛耐粗饲、抗寒,但在粗饲料的利用能力上不如海福特牛。母牛稍有神经质,易受惊,冬季因被毛较长而易感外寄生虫。但是红安格斯牛这些弱点不太明显。

4. 杂交改良我国黄牛的效果

黑安格斯牛与本地黄牛杂交,杂交一代牛被毛黑色,无角的遗传性很强。杂交一代牛体型不大,结构紧凑,背腰平直,肌肉丰满,耐牧性强。在一般的营养水平下饲养,其屠宰率为50%,净肉率为36.91%。红安格斯牛的毛色与多数黄牛接近。在黄牛改良工作中,红安格斯牛更易被群众接受。安格斯牛是目前国际上公认的肉牛杂交配套母系。

四、日本和牛

1. 原产地

日本和牛(图3-5)是日本从1956年起改良牛中最成功的品种之一,是从雷天号西门塔尔种公牛的改良后裔中选育而成,是全世界公认的优秀的优

图3-5 日本和牛

良肉用牛品种,特点是生长快、成熟早、肉质好。第七与第八肋间眼肌面积可达 52 厘米^2。和牛以肉质鲜嫩、营养丰富、适口性好驰名于世。日本有 4 个肉牛品种,即黑色和牛、棕色和牛、无角和牛和短角和牛。

2. 特征外貌

日本和牛毛色多为黑色和褐色,少见条纹及花斑等杂色。体躯紧凑,腿细,前躯发育良好,后躯稍差。体型小,成熟晚。成年公牛体重为 700 千克,体高为 137 厘米;母牛体重为 400 千克,体高为 124 厘米。

3. 生产性能

犊牛经 27 月龄育肥,体重达 700 千克以上,日增重在 1.2 千克以上。日本和牛是当今世界公认的品质优秀的良种肉牛,育肥后大理石花纹明显,又称"雪花肉"。日本和牛的肉多汁细嫩、风味独特,肌肉脂肪中饱和脂肪酸含量很低,营养价值极高。

五、比利时蓝白花牛

1. 原产地

比利时蓝白花牛为毛色独特的大型肉用牛品种,是由原产于比利时北部短角型蓝花牛与荷兰弗里生牛杂交而来的混血牛,现分布于比利时南部地区。

2. 外貌特征

比利时蓝白花牛体格大,呈圆筒状,全身肌肉非常丰满。肌肉束发达,后臀肌肉隆起或向外侧凸出。头部相对较轻小,角细向两侧下方伸出,颈粗短。前胸宽、深,背腰宽平,肩胛肌肉凸出,四肢结实。由于胸深而前肢显得较短。毛色为白身,多在头、颈及中躯臀部有蓝色或黑色斑点,斑点大小、分布变化较大,有些牛呈点状或片(带)状。四肢下部、尾帚多为白色。成年公牛体重为 1 200千克,体高为 148 厘米;母牛体重为 700 千克,体高为 134 厘米。公犊牛初生重为 46 千克,母犊牛为 42 千克。

3. 生产性能

比利时蓝白花牛产肉性能高,胴体瘦肉率高(在一侧第七肋骨上瘦肉约占 70%,脂肪约占 13.5%,骨约占 16.5%),肌肉纤维细,肉质细嫩,符合国际牛肉市场的要求。屠宰率 68% ~70%。由于早熟,适合生产小肉牛。7 ~12 月龄小公牛(后臀型)每增重 1 千克,比其他型公牛节约浓缩料 600 克。比利时蓝白花牛在 1.5 岁左右初次配种,比同类大型肉牛略早熟,妊娠期为 282 天。犊牛早期生长快,最高日增重 1.4 千克,屠宰率为 65%。由于蓝白花牛体型大、生长快、瘦肉率高、肉质好、适应性广泛和性情温驯等特点,已被许多国家引入作为肉牛杂交的"终端"父本,为一些引入国家的牛肉生产带来了较好的经济效益。

第二节 兼用品种

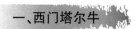

一、西门塔尔牛

1. 原产地

西门塔尔牛(图 3-6)属乳肉兼用大型品种,原产于瑞士阿尔卑斯山区,主要产地是伯尔尼州的西门塔尔平原和萨能平原。在法国、德国、奥地利等国也有分布。世界上许多国家引入西门塔尔牛进行选育或培育。

图 3-6 西门塔尔牛

2. 外貌特征

西门塔尔牛被毛多为黄白花或淡红白花,一般为白头,常有白色胸带和歉带,腹部、四肢下部、尾帚为白色。头较长,体格粗壮结实,前躯较后躯发育好,胸深、腰宽、体长、尻部宽长且平直,体躯呈圆筒状,肌肉丰满。四肢结实。乳房发育中等。肉乳兼用型西门塔尔牛多数无白色的胸带和歉带。成年牛公牛体重为 1 000 ~ 1 200 千克,体高为 147 厘米;母牛体重为 670 ~ 800 千克,体高为 133 厘米。

3. 生产性能

西门塔尔牛公牛平均初生重45千克,增重快,产肉性能良好,甚至不亚于专门化的肉牛品种。12 月龄体重可达 450 千克。日增重为 0.8 ~ 1.0 千克。公牛经育肥后,屠宰率65%;在半育肥状态下,一般母牛的屠宰率为53% ~ 55%。胴体瘦肉多,脂肪少,且分布均匀。年产奶量为 3 500 ~ 4 500 千克,乳脂率3.64% ~ 4.13%。由于西门塔尔牛原产地常年放牧饲养,因此该品种具有耐粗饲、适应性强的特点。

4. 杂交改良我国黄牛的效果

1957 年起,我国开始引进西门塔尔牛,同时开始进行杂交改良本地黄牛的研究。1981 年成立中国西门塔尔牛育种委员会。现在,西门塔尔牛的纯种主要分布在内蒙古、新疆、山西、四川、吉林等地。1981 年我国有纯种西门塔尔牛 3 000 余头,改良牛 50 万头,目前改良牛已达 450 万头以上。

西门塔尔牛改良我国各地的黄牛,取得了比较理想的效果。杂交牛外貌特征趋向于父本,额部有白斑或白星,胸深加大,后躯发达,肌肉丰满,四肢粗壮。产肉、产乳性能明显高于母本。西杂小牛放牧性、育肥效果均好。在同等条件下,西杂一代牛与其他肉牛品种(夏洛莱牛、利木赞牛、海福特牛)的杂交一代牛相比,肉质稍差,表现为颜色较淡、结构稍粗糙、脂肪分布不够均匀。

在国外,西门塔尔牛既可作为“终端”杂交的父系品种,又可作为配套系母系品种。

二、皮埃蒙特牛

1. 原产地

皮埃蒙特牛(图 3 – 7)原产于意大利北部的皮埃蒙特地区,包括都灵、米兰和克里英那等地。

图3-7 皮埃蒙特牛

2. 外貌特征

皮埃蒙特牛毛色为浅灰色或白色,鼻镜、眼圈、阴部、尾帚及蹄等部位为黑色,颈部颜色较深。公牛皮肤为灰色或浅红色,头、颈、肩、四肢(有的身体侧面和后腱侧面)集中较多的黑色素。母牛皮肤为白色或浅红色,有的也表现为暗灰色或暗红色。犊牛刚出生时为白色或浅褐色。体格中等,躯体长,胸部宽阔,胸、腰、尻部和大腿肌肉发达,双肌明显。成年公牛体重为850～1 000千克,体高为145厘米;成年母牛体重为500～600千克,体高为136厘米。

3. 生产性能

皮埃蒙特牛公犊初生重为42～45千克,母犊重为39～42千克。皮埃蒙特牛肉用性能突出,泌乳性能较好。120日龄内日增重为1.3～1.5千克。育成公牛15～18月龄适宰体重为550～600千克。屠宰率为67%～70%,净肉率为60%,瘦肉率为82.4%,属高瘦肉率肉牛。胴体中骨骼比例小,脂肪含量低,肉质优良,细嫩。眼肌面积大,用于生产高档牛排的价值很高。年产奶量为3 500千克,乳脂率为4.17%。皮极坚实而柔软。

皮埃蒙特牛能够适应多种环境,既可以在海拔1 500～2 000米的山地牧场放牧,也可以在夏季较炎热的地区舍饲喂养。因含双肌基因,皮埃蒙特牛是目前肉牛"终端"杂交的理想父本,已被世界上23个国家引进。

4. 杂交改良我国黄牛的效果

河南新野县利用肉用性能优良的皮埃蒙特牛对当地南阳黄牛进行了杂交

改良,杂交后代不但在体型上较南阳黄牛有了明显改善,后躯肌肉发育非常明显,而且增重速度也有了明显提高,与其他众多引进品种和当地品种相比具有明显的生长优势,深受广大养殖者的青睐。

三、德国黄牛

1. 原产地

德国黄牛(图3-8)原产于德国和奥地利,其中德国分布最多,由瑞士褐牛与当地黄牛杂交并经严格选育而成,属肉乳兼用品种,但偏重肉用。1970年出版良种册,深受美洲和欧洲市场好评。

图3-8 德国黄牛

2. 外貌特征

德国黄牛被毛为黄棕色,黄棕到红棕,体躯长,体格大,胸深,背直,胸腹紧奏,四肢短而有力,肌肉丰满,乳房大,附着紧密。成年公牛体重为1 000 ~ 1 100千克,体高约为145厘米;母牛体重为700 ~ 800千克,体高约为130厘米。

3. 生产性能

母犊牛出生重约为42千克,泌乳性能和肉用性能良好,年产奶量约为4 100千克,乳脂率为4.15%,屠宰率为62%,净肉率为56%。该牛育肥性能良好,肉品质好,18月龄去势公牛体重可达500 ~ 600千克。

4. 利用情况

河南省 1997 年首次引进德国黄牛 11 头,经胚胎移植技术培育纯种牛 60 头,国内各黄牛饲养区开始选用该品种改良当地黄牛。

四、丹麦红牛

1. 原产地

丹麦红牛原产于丹麦,为肉乳兼用品种,由丹麦默恩岛、西兰岛和洛兰岛上所产的北斯勒准西牛经长期选育而成。在选育过程中,曾用与该牛生产性能、毛色、繁育环境等相似的安格勒牛和乳用短角牛进行导入杂交。丹麦红牛以产奶量、乳脂率、乳蛋白率高而闻名。目前该牛在世界许多国家都有分布。

2. 外貌特征

丹麦红牛毛色为红色或深红色。公牛一般毛色较深。有的个体腹部和乳房部有白斑,鼻镜为瓦灰色,垂皮大。该牛体格大,体躯深长,胸腰宽,胸骨向前突出,背长平,腰宽,尻宽而长,腹部容积大,四肢粗壮,全身肌肉发育中等。常见有背部稍凹、后躯隆起的个体。乳房发达,发育匀称。12 月龄的公牛重为 450 千克,母牛重为 250 千克。成年公牛体重为 1 000 ~ 1 300 千克,成年母牛体重为 650 ~ 750 千克,成年公、母牛体高约为 132 厘米。

3. 生产性能

丹麦红牛犊牛初生重约为 40 千克,成熟早,产肉性能好,日增重为 0.7 ~ 1 千克,屠宰率一般为 54% ~ 57%。泌乳期 365 天的产奶量约为 4 877 千克,乳脂率 4.15%。在我国饲养条件下,年产奶量约为 5 400 千克,乳脂率约 4.21%。体质结实,耐粗饲,抗寒,耐热,采食快,适应性广,抗结核病能力强。

4. 杂交改良我国黄牛的效果

陕西省富平县用丹麦红牛改良秦川牛,丹秦杂交一代公、母犊牛的初生重分别为 32.9 千克和 29.7 千克,30、90、180、360 日龄体重分别比本地秦川牛提高了 43.9%、30.6%、4.5% 和 23.0%。丹秦杂交一代牛毛酷似秦川牛,多为紫红色或深红色;与秦川牛相比,背腰宽广,后躯宽平,乳房大。

第三节 中国地方黄牛品种

《中国牛品种志》将中国黄牛分为北方黄牛、中原黄牛和南方黄牛三大类型。北方黄牛主要分布于包括内蒙古在内的东北、华北和西北地区,代表品种有蒙古牛、哈萨克牛和延边牛等;中原黄牛分布在中原广大地区,主要包括秦川牛、南阳牛、鲁西牛、晋南牛、冀南牛、郏县红牛等;南方黄牛包括南方各省、区的黄牛品种,如温岭高峰牛、闽南黄牛、雷琼牛等。就体型而言,中原黄牛的体型最大,其次是北方黄牛,南方黄牛体型最小。

一、南阳牛

南阳牛(图3-9)是全国五大良种牛之一,毛色分为黄、红、草白3种,黄色为主,役用性能、肉用性能及适应性俱佳。

图3-9 南阳牛

1. 原产地与分布

南阳牛产于河南省南阳白河和唐河流域的平原地区,为当地古老的牛品种,以南阳的唐河、邓州、新野、镇平、社旗、方城和驻马店的泌阳等8个市、县为主要产区。河南省的许昌、周口、驻马店等地区也分布较多。

2. 外貌特征

南阳牛属大型役肉兼用品种,体格高大,肌肉发达,结构紧凑,体质结实,肩部宽厚,鬐甲较高,颈短厚而多皱,腰背平直,肢势正直。公牛头部方正雄壮,肩峰隆起为8~9厘米,前躯发达;母牛头清秀,一般中躯发育良好。南阳牛毛色多为黄、米黄、黄红、草白等色,其中黄色者居多。部分牛存在胸部宽深不够、尻部较斜、体躯长度不足的缺点,母牛乳房发育较差。

3. 生产性能

南阳牛役用能力强,产肉性能较好。中等营养条件下,公牛18月龄平均体重为441.7千克,日增重为813克,屠宰率为55.6%,净肉率为46.6%。眼肌面积为92.6厘米^2。南阳牛肉质细嫩,颜色鲜红,大理石纹明显,味道鲜,熟肉率达60.3%。南阳牛母牛泌乳期6~8个月,年产奶量为600~800千克,乳脂率为4.5%~7.5%。南阳牛适应性强,耐粗饲。母牛初情期为8~12月龄,24月龄适配。

二、秦川牛

秦川牛体格高大、役用力强、性情温驯,属国内大型肉役兼用品种,产肉性能优异。

1. 原产地与分布

秦川牛是我国优良地方黄牛品种之一,主要产于秦岭以北渭河流域的陕西关中平原,其中以咸阳、兴平、武功、乾县、礼泉、扶风和蒲城等市、县的牛最为著名,邻近地区也有分布。

2. 外貌特征

秦川牛体格高大,骨骼粗壮,肌肉丰满。前躯发育很好,后躯发育较弱,具有一长(体躯长)、二方(口方、尻方)、三宽(额、胸、后躯宽)、四紧(四蹄叉紧)、五短(颈短、四肢短)的特点。全身被毛细致有光泽,多为紫红色或红色,黄色较少。蹄壳、眼圈和鼻镜一般呈肉色,个别牛鼻镜呈黑色。角短,呈肉色。公牛颈峰隆起,垂皮发达。鬐甲高而厚。母牛头部清秀。缺点是牛群中常见尻部尖斜的个体。

3. 生产性能

秦川牛役用能力强,易于育肥,产肉性能颇好,在中等营养水平下,1~1.5岁平均日增重为:公牛0.7千克、母牛0.55千克、阉牛0.59千克;18月龄公牛屠宰率58.3%,净肉率为50.5%,眼肌面积为97.0厘米^2,胴体重为282.0千克,瘦肉率为76.0%,肉骨比为6.74:1,肉质细致,大理石纹明显,肉味鲜美。秦川母牛的泌乳期一般为210天,年产奶量为715.8千克,乳脂率为4.7%。母牛初情期为9.3月龄,初配期为18月龄。适应性良好,秦川牛曾被安徽、浙江、湖南等20多个省引入,改良地方黄牛,效果显著。与荷斯坦牛、丹麦红牛、兼用短角牛杂交,后代肉乳性能均得到明显提高。

三、郏县红牛

郏县红牛(图3-10)因原产于河南省郏县、毛色多呈红色而得名。属于役肉兼用型地方品种,产肉性能优异。

图 3-10　郏县红牛

1. 原产地与分布

郏县红牛主产于河南省郏县、宝丰、鲁山、汝州,许昌市的禹州、襄城等地也有分布。

2. 外貌特征

郏县红牛体格中等,体质结实,骨骼粗壮,体躯较长,从侧面看呈长方形,具有役肉兼用体型。垂皮较发达,肩峰稍隆起,尻稍斜,四肢粗壮,蹄圆大结实。公牛鬐甲较高,母牛乳房发育较好,腹部充实。毛色有红色、浅红色及紫红色3种,部分牛尾帚中夹有白毛。角形多样,以向前上方弯曲和向侧平伸者居多。在郏县红牛养殖区常用"龙门角,白尾梢"来形容郏县红牛。

3. 生产性能

郏县红牛体格健壮,役用能力强。肉质细嫩,大理石花纹明显,平均屠宰率为57.6%,净肉率为44.8%,眼肌面积为69.0厘米^2。公牛12月龄性成熟,母牛10月龄性成熟。公牛1.5~2岁开始配种,配种利用年龄为8~10岁。母牛2岁开始配种,繁殖年限为12~13岁,终身可产犊牛8~10头。母牛的性周期为18~20天,妊娠期为280~300天,产后2~3个月再次发情。

四、鲁西牛

鲁西牛又称鲁西南大黄牛或山东牛,属于役肉兼用型地方品种,产肉性能优异。

1. 原产地与分布

鲁西牛原产于山东省西部、黄河以南、运河以西一带,以郓城、鄄城、嘉祥等10地为中心产区。在山东省南部、河南省东部与南部、江苏省和安徽省北部也有分布。

2. 外貌特征

鲁西牛因地区性使用方式和生产要求不同,有"抓地虎"型与"高辕"型两类。前者体矮,胸广深,四肢短粗;后者肢高,体躯短。各型牛均结构匀称,细致紧凑,肌肉发达。被毛从浅黄到棕红色,以黄色最多,约占70%。多数牛有眼圈、嘴圈、腹下、四肢内侧毛色较被毛色浅的"三粉"特征。毛细而软,皮薄而有弹性。公牛头短而宽,角粗,颈短而粗,颈下垂肉大,鬐甲高,前躯较宽深,后躯较差,背腰平直。母牛头稍窄而长,角质细密,颈细长,后躯开阔,尻部平直,大腿肌肉丰满。

3. 生产性能

鲁西牛是我国产肉性能较好的牛种,18月龄鲁西牛平均屠宰率为57.2%,净肉率为49.0%,眼肌面积为89.1厘米^2,肉骨比为6:1。肉质细嫩,肌纤维间脂肪分布均匀,呈大理石纹。鲁西牛母牛初情期为10~12月龄,1.5~2岁初配。该牛有抗结核和抗焦虫病的特性,但尚存在体成熟较晚、日增重不高、后躯欠丰满等缺陷。

五、晋南牛

晋南牛因产于山西省晋南盆地而得名,属于役肉兼用型地方品种,产肉性能优异。

1. 原产地与分布

晋南牛原产于山西省南部、汾河下游的晋南盆地,包括运城市的万荣、河津等地及临汾市的侯马、曲沃等地。

2. 外貌特征

晋南牛属于我国大型役肉兼用品种,体躯高大,公牛头中等长,额宽,顺风角,颈短粗,垂皮和胸部发达,臀部较窄,母牛头清秀,背腰宽阔,乳房发育较差,部分母牛有尻尖斜的缺点。

3. 生产性能

晋南牛成年牛育肥平均屠宰率为 52.3%,净肉率为 43.4%,具有良好的肉用性能。母牛初情期 9~10 月龄,2 岁初配,泌乳期 8 个月,年产奶量为 745.1 千克,含脂率为 5.5%~6.1%。

六、延边牛

延边牛又称长白山牛、朝鲜牛、沿江牛,是东北地区几个地方黄牛类群合并后的品种名称,属于役肉兼用型地方品种,产肉性能优异。

1. 原产地与分布

延边牛属寒、温带山区的役肉兼用品种,主要产于吉林省延边朝鲜族自治州的延吉、和龙、汪清、珲春及毗邻各县。

2. 外貌特征

延边牛体质结实,骨骼坚实,胸部深宽,被毛长而密,毛色多呈深浅不同的黄色,皮厚而有弹力。公牛头方、额宽。角基粗大,角多向外后方伸展,呈"一"字形或倒"八"字形。颈厚而隆起,肌肉发达。母牛头大小适中,角细而长,多为龙门角。乳房发育较好。成年公牛体重为 460 千克,体高为 130.6 厘米;成年母牛体重为 360 千克,体高为 121.8 厘米。

3. 生产性能

延边牛役用能力强,适合于水田作业,且善走山路。经 180 天育肥的 18 月龄公牛,胴体重为 265.8 千克,屠宰率为 57.7%,净肉率为 47.2%,平均日增重为 813 克,眼肌面积 75.8 厘米^2。母牛泌乳期 6~7 个月,年产奶量为 500~700 千克,乳脂率为 5.8%~6.6%。母牛 20~24 月龄初配,利用年限为 10~13 岁。该牛有耐寒、耐粗饲、抗病力强的特性,是我国宝贵的耐寒黄牛品种。

七、蒙古牛

蒙古牛是我国北方最古老的地方品种之一,役乳兼用,经济性状较全面。

1. 原产地与分布

蒙古牛原产于内蒙古高原,以兴安岭东、西两麓为主,东北、华北至西北各省北部也有分布。此外,蒙古、俄罗斯及中亚的一些国家也有饲养,属于古老品种,有耐热、耐寒、耐粗饲、抗病力强及体质粗壮的特点,素有"铁牛"之称。

2. 外貌特征

蒙古牛体格中等,各地区类型间差异明显,躯体稍长,前躯比后躯发育好。头短、宽而粗重,颈部短而薄,颈垂不发达,鬐甲低平。胸部狭深,背腰平直,后躯短窄,荐骨高,尻部尖斜。四肢粗短,后腿肌肉不发达。毛色以黄褐色及黑色居多。成年牛公牛体重为 350~450 千克,体高为 113.5~120.9 厘米;母牛体重为 275~360 千克,体高为 107.7~116.8 厘米。

3. 生产性能

蒙古牛具有肉、乳、役多种经济用途,但肉乳生产水平不高,为非专门化品种。蒙古牛母牛产后 100 天,平均日产奶量为 5 千克,含脂率为 5.22%。母牛初情期为 8~12 月龄,24 月龄初配,因四季营养极不平衡而表现季节性发情。中等营养的成年阉牛屠宰率为 53.0%,净肉率为 44.6%,眼肌面积为 56.0 厘米^2。抓膘能力强。乌珠穆沁牛是蒙古牛中的一个优良类群,主要产于东乌珠穆沁旗和西乌珠穆沁旗,其中以乌拉盖河流域的牛品质最好。

八、南方牛

1. 原产地与分布

南方牛产于南方各省及长江流域部分地区。南方牛种类繁多,从东到西,体型渐小。平原地区饲料充足,牛体型较大;山丘地区,地瘠草劣,牛体型较小。具有耐粗饲、耐热、行动敏捷、善于爬山、抗焦虫病等特点。

2. 外貌特征

南方牛体躯小,公牛肩峰隆起高达 8~10 厘米,形似瘤牛。头短小,额宽阔,颈细长,颈垂大,胸部发达。腰臀肌肉发达。臀端椭圆,肌肉丰满。毛色一般为黄色、褐色,深红、浅红及黑色者较少。

3. 生产性能

南方牛因体型大小不同,役用能力差异很大。肉用性能较好的是浙江省的温岭高峰牛,2 岁育成阉牛屠宰率为 54.04%,净肉率为 46.27%,肉质细嫩。云南邓川黄牛产奶性能较好,泌乳期 275 天,年产奶量为 750 千克,乳脂率为 6.9%。贵州黄牛和江西黄牛产奶性能也较好,泌乳期为 230~250 天,可产奶 500 千克左右,乳脂率为 5.4%~7.8%。

4. 典型品种

(1)温岭高峰牛

1)产地与分布　温岭高峰牛原产于浙江省温岭县境内,毗邻的黄岩、玉环、乐清等县有少量分布。

2)外貌特征　主要特征为肩峰高耸,且有两种类型:高峰型峰高而窄,高10~18厘米,形如鸡冠;低峰型峰较低,高10~14厘米,形如畚斗。两种类型皆前躯发达,骨骼粗壮,后躯肌肉欠丰满。公牛头大额宽,眼圆大,眼球凸出,耳向前竖立,薄而大,内侧面密生白毛,颈粗大,垂肉发达,颈侧皮肤略有皱褶。母牛颈与前胸结合良好。毛色黄色或棕黄,鼻镜青灰。

3)生产性能　3岁阉牛屠宰率为51.04%,净肉率为46.27%,眼肌面积为69.28厘米^2,肉质细,味道鲜美。公牛6~8月龄性成熟、母牛7~8月龄性成熟,公牛2岁、母牛1.5~2岁开始配种。

(2)雷琼牛

1)产地与分布　原产于广东雷州半岛最南端的徐闻县和海南的海口市琼山区、澄迈县等沿海低缓的丘陵地带。

2)外貌特征　公牛角长,略弯曲或直立稍向外弯;母牛角短,或无角。垂皮发达,肩峰隆起。四肢结实,管部略细,蹄坚实。尾根高,尾长且丛生黑毛。皮薄而有弹性。被毛细短,且富光泽,毛色以黄色居多,其次有黑色及深浅不同的褐色。据海南省的测定,成年公牛体重为300~400千克,体高为122~130厘米;成年母牛体重为250~350千克,体高为110~120厘米。

第四节　培育品种

一、夏南牛

夏南牛(图3-11,图3-12)是以法国夏洛莱牛为父本,以南阳牛为母本,采用开放式育种方法,经过导入杂交、横交固定和自群繁育3个阶段培育而成的肉用牛新品种。夏南牛含夏洛莱牛血统37.5%,含南阳牛血统62.5%,属于专门化的肉用型培育品种。

图 3 - 11　夏南牛(公)

图 3 - 12　夏南牛(母)

1. 原产地与分布

夏南牛主要分布于河南省泌阳县,驻马店市西部其他的附近县域也有分布。

2. 外貌特征

夏南牛毛色纯正,以浅黄、米黄色居多。公牛头方正,额平直,成年公牛额部有卷毛,母牛头清秀,额平稍长;公牛角呈锥状,水平向两侧延伸,母牛角细圆,致密光滑,多向前倾;耳中等大小;鼻镜为肉色。颈粗壮,平直。成年牛结构匀称,体躯呈长方形,胸深而宽,肋圆,背腰平直,肌肉比较丰满,尻部长、宽、平、直。四肢粗壮,蹄质坚实,蹄壳多为肉色。尾细长。母牛乳房发育较好。夏南牛体质健壮,抗逆性强,性情温驯,行动较慢;耐粗饲,食量大,采食速度快,耐寒冷,耐热性能稍差。

3. 生产性能

夏南牛初情期平均为 432 天,最早为 290 天;发情周期平均为 20 天;初配时间平均为 490 天;妊娠期平均为 285 天,产后发情时间平均为 60 天;难产率为 1.05%,公、母牛平均初生重分别约为 38 千克和 37 千克。

二、三河牛

三河牛由多个品种选育而成,主要有西门塔尔牛,另外还有西伯利亚牛、俄罗斯改良牛、后贝加尔土种牛、塔吉尔牛、雅罗斯拉夫牛、瑞典牛等,经过复杂杂交、横交固定和选育提高而成。三河牛适应性强、耐粗饲、耐高寒、抗病力强、易放牧、乳脂率高、遗传性能稳定。

1. 原产地与分布

三河牛是中国培育的乳肉兼用品种,因产于内蒙古额尔古纳的三河地区而得名,分布于附近的兴安盟、哲里木盟、锡林郭勒盟等地区。

2. 外貌特征

三河牛体质结实,肌肉发达。头清秀,眼大,角粗细适中,稍向前上方弯曲,胸深,背腰平直,腹圆大,体躯较长,肢势端正,乳房发育良好。毛色以红(黄)白花为主,花片分明,头部全白或额部有白斑,四肢在膝关节以下、腹下及尾梢为白色。

3. 生产性能

三河牛是中国培育的第一个乳肉兼用品种,适应性强、耐粗饲、耐高寒、抗病力强、适宜放牧、乳脂率高、遗传性能稳定。年产奶量为 5 105.77 千克,最高个体产奶量为 9 670 千克。三河牛乳脂率高,平均乳脂率达 4.06% 以上,乳蛋白率为 3.19% 以上,干物质为 12.90%。18 月龄以上公、阉牛经过短期育肥后,屠宰率为 55%,净肉率为 45%。三河牛肉脂肪少,肉质细,大理石纹明显,色泽鲜红,鲜嫩可口,所含的赖氨酸明显高于其他品种。

三、新疆褐牛

新疆褐牛属于乳肉兼用培育品种,由瑞士褐牛、含有瑞士褐牛血统的阿拉塔乌牛和少量的科斯特罗姆牛与当地哈萨克牛杂交培育而来。该牛适应性好,抗病力强,在草场放牧可耐受严寒和酷暑环境。

1. 原产地与分布

新疆褐牛主要产于新疆天山北麓的西端伊犁和准噶尔界山塔城的牧区和半农半牧区。分布于阿勒泰、乌鲁木齐及南疆部分市、县。

2. 外貌特征

新疆褐牛体躯健壮,结构匀称,骨骼结实,肌肉丰满。头部清秀,角中等大小并向侧前上方弯曲,呈半椭圆形,唇嘴方正。颈长短适中,颈肩结合良好。胸部宽深,背腰平直,腰部丰满,尻方正。被毛为深浅不一的褐色,额顶、角基、口轮周围及背线为灰白色或黄白色,眼睑、鼻镜、尾帚、蹄呈深褐色。成年公牛体重约为950千克,母牛约为500千克。

3. 生产性能

在舍饲条件下,年产奶量为2 100~3 500千克,乳脂率为4.03%~4.08%,乳干物质为13.45%。在放牧条件下,泌乳期约为150天,年产奶量为1 000千克左右,乳脂率为4.43%。新疆褐牛在自然放牧条件下,18月龄阉牛,宰前体重为228千克,屠宰率为42.9%;成年公牛宰前为433千克,屠宰率为53.1%。眼肌面积为76.6厘米^2。

四、草原红牛

草原红牛是乳肉兼用型培育品种,以乳肉兼用的短角公牛与蒙古母牛长期杂交育成,适应性强,耐粗饲。夏季完全依靠草原放牧饲养,冬季不补饲,仅依靠采食枯草即可维持生活。对严寒酷热气候的耐力很强,抗病力强,发病率低,当地以放牧为主。

1. 原产地与分布

草原红牛主要产于吉林的白城地区、内蒙古的昭乌达盟和锡林郭勒盟及河北的张家口地区。

2. 外貌特征

草原红牛被毛为深红色或枣红色,部分牛的腹下或乳房有小片白斑。体格中等,头清秀,大多数有角,角多伸向前外方,呈倒"八"字形,略向内弯曲。颈肩结合良好,胸宽深,背腰平直,四肢端正,蹄质结实。乳房发育较好。成年公牛体重为850~1 000千克,母牛为450~550千克。犊牛初生重为30~35千克。

3. 生产性能

据测定,18月龄的阉牛,经放牧育肥,屠宰率为50.8%,净肉率为41.0%。经短期育肥的牛,屠宰率为58.2%,净肉率为49.5%。在放牧加补饲的条件下,年产奶量为1 800~2 000千克,乳脂率为4.0%。草原红牛繁殖性能良好,性成熟年龄为14~16月龄,初配年龄公牛为16月龄,母牛为18月龄。

第五节　地方品种的保护与利用

2021年7月,中央全面深化改革委员会第二十次会议审议通过《种业振兴行动方案》,强调要实现种业科技自立自强、种源自主可控。大力发展自主家畜产业,对于保障养殖产品有效供给、促进农牧民增收和培育战略性新兴产业具有重大意义。肉牛种业是肉牛产业发展的基础和关键。进入21世纪以来,"以资源为基础,以基因为核心,以品种为载体"的生物技术产业正在逐步形成,世界范围内对种质资源的争夺更加激烈。畜禽遗传资源属于可变性资源和可更新性资源,是育种工作的基础,对其保护和长期可持续性开发利用具有重要的意义。中国肉牛育种基本思路是选育原种、扩繁良种、推广杂交种、培育新品种。

一、中国地方黄牛品种的遗传特性

随着人们对生物遗传多样性保护认识的深入和遗传多样性标记的发展,我国学者对中国地方黄牛的多态性进行了多方面的研究,从表型、生化遗传特性到染色体特征,再到利用分子生物技术从DNA遗传物质水平直接揭示生物的遗传多态性,研究逐步深入,从不同层面证明了中国黄牛品种的遗传多态性较国外专门的品种丰富。分子遗传学研究主要集中在几个优良的黄牛品种上,如南阳牛、秦川牛、郏县红牛、鲁西牛、晋南牛等,研究的内容涉及遗传进化、生长发育、屠宰性状、肉质性状、繁殖性状、抗病性状、全基因组关联分析等方面。筛选出重要经济性状功能基因,包括与能量平衡调控相关激素(*AGRP*、*POMC*、*CART*、*MC3R*、*MC4R*、*Ghrelin*、*HTR*1*B* 和 *HTR2A*)、与生长性状相关的激素(*MRF* 家族、*MSTN*、*GHRH* 和 *GHR*)、参与中枢神经调节的激素(*HCRTR1* 基因和 *NPY* 基因)、调节食欲的激素(促食欲素 *Orexin* 基因和食欲刺激激素 *Ghrelin* 基因)、与生长发育相关的基因(*GH*、*GHR*、*GHRH*、*IGF*、*POUF*1、*MSTN*)。

运用简化基因组测序技术(SLAF‑seq),通过全基因组关联分析,筛选出3个与郏县红牛生长性状相关的单核苷酸多态性(SNP)位点,基因本体(GO)分析发现,LOC100337124 基因可以作为 18 月龄体高性状的候选基因,C6orf106 基因可以作为 6 月龄体高性状的候选基因。

以南阳牛为研究对象,利用 SLAF‑seq 技术获得全基因组 SNP 标记并对试验个体基因型进行分型。对体重、体增重、体高、体斜长、胸围和坐骨端宽等生长性状进行全基因组关联分析,共鉴定出 5 个与生长性状显著相关的基因组区域(LOD ≥ 6.35)。通过对基因组区域内基因的功能进行注释,共筛选得到 8 个基因(BMP10、IFT172、SDC1、TCF23、TRIM54、RAB1A、VPS54、GDF7)与骨生长、肌肉发育和生长调控有关。

二、地方品种保护的方法

1. 保种区保种

保种的目的是保存生物资源,所以必须保持一定的群体规模,以及在该群体进行闭锁繁育时所允许的近交增量。留种的公、母牛在进行闭锁繁育时,须采用各家系等数留种,公牛随机等量交配制度,并把世代间隔延长到 10 年。

2. 利用现代生物和技术保种

胚胎库保种,即对需要保存品种的胚胎进行低温保存。为了使品种基因库得以全部保存,所保存胚胎间应彼此无亲缘关系。精液库保存,即建立精液库保存精液。精液库种是一种简单而经济的方法,恢复该品种时,需借用其他品种母牛,通过四代级进杂交。第四代杂交种含有原品种 93.75% 的血统,即可按原品种登记注册。

3. 特殊情况下,可以通过本品种选育进行保种

本品种选育与保种之间的关系:保种的关键是保存群体各个基因位点的全部基因,而本品种选育则是根据当前经济生活的需要进一步改进品种固有的优点。本品种选育着眼于选,使品种更为符合经济生活的需要,而保种着眼于保,让后代均有机会利用祖先的遗传变异。因此,两者在本质上、繁育方法上是不同的。但是当所要保的特性恰好是本品种选育的目标性状时,没有必要另行保种,因为保种的目的可通过品种的选育更好地实现。如果本品种选育时在一定范围内导入杂交,就可能使当前看起来似乎无用的品种固有特征丧失,这就需要另辟保种群进行保种。

三、地方品种开发利用

我国的地方品种具有生长速度快、耐粗饲、适应性强等特点,但是,本地品种竞争力不足、依赖进口品种的现状没有改变,其主要原因在于本地肉牛遗传资源的种质特性开发不够、生长性能不优和育种体系不健全。品种资源保护是基础,开发利用是关键,可通过现代生物技术手段,将遗传资源转化为社会财富。地方品种的资源开发利用主要表现在两个方面:

1. 运用分子生物学技术,挖掘遗传潜力,提高地方品种的生产性能

我国地方黄牛品种有着悠久的驯化、培育历史,拥有众多的优良地方品种。这些品种的形成都是经过自然和人工长期选择、培育而成的,尤其适应当地的自然、社会、气候、生活习惯等,具有耐粗饲、成熟早、繁殖率高、适应力强、遗传性状稳定等诸多优良特性。对地方品种的很多优良性状,我们目前没有认知或认知很少,而在市场经济条件下,人们为追求经济指标,引进的品种有较高的生产性能,因而对地方品种产生了强大冲击。随着分子生物学技术的发展、分子标记技术的日臻完善,分子标记辅助选择为本地品种优良性能的挖掘提供了有力的工具。针对我们地方黄牛品种特征,进行分子标记辅助选择,筛选与经济性状相关的分子标记,挖掘地方品种的遗传潜力,提高肉牛种业科技创新能力,为培育肉用品种及肉用家畜肉质性状转基因育种提供了充足的理论支撑。牛生长性状作为复杂经济性状,受到多基因控制,其主效基因的鉴定一直见诸报道但尚未有定论。早期研究多采用候选基因法对主效基因进行筛选和鉴定,并鉴定出了诸如 *DGAT2*、*GHSR*、*GHSR*、*MC4R* 等基因与南阳牛生长发育相关。但是,候选基因法因覆盖面小、无偏性差、数量有限等原因,不足以在全基因组范围内对主效基因进行鉴定并对复杂性状进行解释。随着分子生物学技术的发展,全基因组关联分析为复杂性状候选基因的筛选提供了更有效的方法。目前,常利用牛基因组芯片,如 Illumina Bovine SNP50、Illumina Bovine SNPHD 等进行分析,但受限于 SNP 标记密度和品种差异,一些与中国地方牛优异性状相关的 SNP 可能检测不到。以高通量测序为基础的简化基因组测序技术具备通量高、成本低等特点,已在多种动植物上得到了应用。该技术的发展为利用大群体在全基因组范围内鉴定中国地方品种黄牛特性相关SNP提供了更多选择。

2. 开展经济杂交和新品种培育

杂交优势利用、生物技术育种与常规育种有机结合，培育出适合我国国情的肉牛新品种或杂交配套系。两个以上地方黄牛品种或者与引入品种进行杂交，杂交后代可能兼有双亲的优良性状，还可能由于基因之间的相互作用产生双亲不具备的新特征，杂交后代通过染色体互换固定杂交优势。杂交后代因为拥有较大的遗传多样性，为群体进化和品种培育提供了素材。近年来国家审定的新品种，如中国西门塔尔牛、夏南牛等，都是利用地方品种在经济杂交的基础上培育的新品种。充分利用引进的外来肉用或兼用品种与地方黄牛经过杂交，后代兼有引进品种的体型大、生长速度快、肉用性能好的特点，又保留了地方品种肉质好、适应性强的遗传素质，取得了良好的经济效益。目前，西杂牛占据国内 70% 的肉牛市场就是很好的例证。

四、育繁推一体化

"育繁推"一体化模式是将现代分子育种技术与繁殖技术相结合，培育和推广肉牛良种的一种"院企共生"发展模式。"育"包括 3 个技术要点：①通过生产性能测定做好表型数据记录，即做好肉牛生产性能测定和繁殖数据统计。②通过全基因组育种芯片解码遗传信息。③通过基因组选择技术建立核心母牛群，即筛选综合育种值优秀和育种目标值优秀母牛。"繁"包括 3 个技术要点：①人工授精技术完成精确配种，即通过人工授精技术完成优秀公、母牛的精确配种。②胚胎移植技术实现快速扩繁，即通过胚胎移植技术把最优秀10% 的母牛作为供体生产胚胎进行快速扩繁，繁殖方案为"1432"繁育方案，即把最优秀的 10% 作为供体提供优良冻精，一般的 40% 配优秀的性控冻精，30% 配优秀的普通精液，20% 淘汰或配肉牛冻精或作为受体。③通过动物福利改善繁殖性能，即采用动物福利国际合作委员会拟定的肉牛动物福利饲养标准饲喂肉牛，改善牛群生长环境，提高牛群繁殖性能。"推"包括 3 个技术要点：①在理论培训中提升育种意识。②在技术培训中提高实操技能。③在多元销售中扩大良种传播，即获得种畜禽经营许可证，与种公牛站、售种公司签订订单。

第四章　肉牛的饲养管理

　　肉牛规模养殖过程中,很多养殖户只注重扩大养殖规模,不注重完善自身的专业知识,养殖管理方案缺乏先进性和科学性。一直沿用传统经验式的养殖管理模式,使得肉牛的养殖周期变长,养殖成本增加,不利于提高养殖户的经济效益。所以,在肉牛规模养殖过程中,要加快推进先进养殖管理技术的应用,转变养殖户的传统养殖模式,确保养殖规模扩大和养殖管理相匹配,更好地提高肉牛养殖效益。

第一节　犊牛的饲养管理

犊牛是指从出生到断奶的小牛,按其生理特点分为初生期和哺乳期,犊牛的哺乳期一般为 3~6 个月,哺乳期的犊牛处在快速生长发育阶段,科学地饲养管理,能充分发挥其遗传潜力。

一、犊牛的生理特点

犊牛出生时,瘤胃的体积很小,瘤胃、网胃的体积仅占 4 个胃体积的 30%,皱胃容积为 1.0~1.5 升,吸食的乳汁及水通过食管沟—瓣胃管直接进入皱胃进行消化。食管沟是瘤胃背囊前壁的一个肌层组织,平时舒展开放,在犊牛吸吮乳头进食时,会反射性收缩成一个管道结构,前接食管后端,后通入皱胃。在犊牛出生后的管理中,培养犊牛的吸吮条件反射很重要,与吸吮和进食有关的视觉、听觉刺激均会使食管沟关闭。因此,在犊牛的饲养管理中必须建立标准的或一以贯之的制度,做到定时、定量、定温("三定")和程序化的食物准备程序,以促使犊牛形成条件反射,尽早关闭食管沟,分泌消化酶。

新生犊牛吃初乳时,初乳在皱胃不能凝固,而是直接进入肠道,这个过程有助于初乳中的免疫蛋白分子被整个肠上皮吸收。出生 2~3 天,皱胃黏膜上皮壁细胞数量增加,开始分泌盐酸,皱胃 pH 下降。出生 4~5 天,皱胃 pH 可达 4.5,酸性环境可以促使皱胃黏膜上皮分泌凝乳酶和胃蛋白酶原,并使胃蛋白酶原转化为胃蛋白酶,起到凝乳和消化乳蛋白的作用。出生 5~7 天,胃肠消化酶系统完全建立,胰蛋白酶、胰脂肪酶、乳糖酶、淀粉酶等均已活化并发挥作用。犊牛出生 2 周后,瘤胃开始发育,早期进入胃肠道的微生物部分先在瘤胃内增殖发酵,瘤胃内逐步形成厌氧环境,随犊牛采食干草和接触成牛反刍食团而进入瘤胃的微生物群也定植其中,之前进入瘤胃的早期菌群(大肠杆菌等)被清除。

二、初生犊牛的护理

犊牛出生后 7~10 天称为初生期。这一时期的饲养管理重点是促进机体防御机制的发育,以预防疾病。

1. 接生时的护理

犊牛出生时,应及时清除口腔和鼻孔内的黏液,以防黏液灌入呼吸道引起犊牛窒息。如发现犊牛已吸入黏液,可倒提犊牛,并拍击胸部两侧使黏液流出。接着用干草或锯末擦净犊牛躯体上黏液,以免犊牛受凉。天气不是太冷时可让母牛舔食犊牛身上的黏液,有助于母牛胎衣的排出。冬季注意防寒保暖。

正常生产时,犊牛的脐带会自然扯断,未扯断时,可用手将脐带中的血挤向犊牛,在距犊牛腹部 10～12 厘米处结扎,并用无菌剪刀剪断脐带,然后将脐带断段连同结扎线浸入碘酊浸泡 1 分,以防发生脐炎。应勤观察初生犊牛的呼吸及行动,有问题时及时救治。

2. 哺喂初乳

母牛分娩后 5～7 天所产的乳称为初乳。初乳具有很多特殊的生物学特性,能为新生犊牛提高母源抗体,是新生犊牛不可缺少的营养品。初乳中含有溶菌酶和免疫球蛋白。这些蛋白质是免疫系统的重要组成部分,它们帮助识别和消灭侵入体内的细菌和其他外来物质,减少犊牛泻痢等疾病的发生。因为母牛怀孕期间抗体无法通过胎盘进入胎儿体内,新生犊牛血液中没有抗体,摄入高质初乳后入,初乳中的抗体会通过小肠被吸收。许多研究表明,由于血液中没有足够的抗体,新生犊牛在出生后头几天(或几周内)死亡率极高。初乳中因含有较多镁盐而具轻泻作用,可促使胎粪顺利排泄,减少犊牛泻痢等疾病的发生。初乳中含有常乳不能比拟的丰富的营养物质,如蛋白质、矿物质、脂肪、乳糖、维生素 A 与胡萝卜素等,能满足犊牛初生期迅速发育的营养需要。如犊牛得不到初乳,需要用奶粉或常乳饲喂犊牛时,应添加维生素 A、维生素 D、维生素 E。通常第一天饲喂健康犊牛的量应为其体重的 1/8～1/6,每天 3 次,以后每天可增加 0.5～1.0 千克,第一次饲喂不可喂量过大。

三、犊牛的饲养管理

1. 补饲

初生期过后,犊牛进入哺乳期。犊牛在满月以后可逐渐减少哺乳,增加饲料的量,除增加干湿料外,还可增加多汁饲料(如胡萝卜、甜菜、南瓜等)、青贮饲料等。多汁饲料自 20 日龄饲喂,最初每天 200～250 克,2 月龄时每天可喂1.0～1.5 千克;青贮饲料自 30 日龄饲喂,最初每天 100～150 克,3 月龄时可增至 1.5～2.0 千克,4 月龄时可喂 4～5 千克。犊牛的饲料不能突然更换,一般用 4～5 天逐渐完成过渡,每天更换的饲料占比不能超过 10%。1周龄的犊牛要诱导饮水,最初用加有奶的 36～37 ℃的水,10～15 天后可逐步改为常温水(水温不低于 15 ℃)。犊牛舍要有饮水池,贮满干净水,任其自由饮用。

2. 断奶

犊牛的断奶要根据犊牛的体况和补饲情况而定,应循序渐进。当犊牛达到 3～6 月龄,日采食 0.5～0.75 千克的犊牛料,且能有效反刍时,即可实施断奶。体弱者可适当延长哺乳时间,同时训练多食料。预定断奶前 15 天要逐渐增加饲料喂量,并将犊牛料逐渐换为混合料加优质干草。减少哺乳量和哺乳次数,改每天 3 次哺乳为 2 次哺乳,再改 2 次为 1 次,然后隔天 1 次。当母子互相呼叫时有必要舍饲或拴饲,断绝接触。断奶时要备 1∶1 的掺水牛奶,使犊牛饮水量增加,以后可逐渐减少奶的掺入量,直至更换为常温清水。

3. 称重与编号

犊牛的称重应在第一次哺乳前,在称重的同时给犊牛编号,这项工作在有育种任务的农场中更为重要。在编号记录时一并录入犊牛的亲本,存档。号码应用耳标的方式固定,以便察看。

4. 去角

为方便育肥管理,减少牛体相互伤害,在生后 7～10 天应为犊牛去角。常用的去角方法有苛性钠(钾)法、电动去角、电烙铁去角。电动去角和电烙铁去角时,烙烫时间不宜过长、过深,以免烧伤下层组织。对去角的犊牛要勤检查,观察去角是否彻底,去角部位有无感染,特别是在夏天。

5. 运动

除特殊生产(如犊牛白肉生产)外,犊牛应该有足够的运动量。运动对促进血液循环、改善心肺功能、增加胃肠运动、提高代谢都具良好的作用,出生后 7～10 天的犊牛都可以进入运动场活动,1 月龄前每天 0.5 小时,以后可以每天 2 次,每次 1.0～1.5 小时。夏天时应避免暴晒。

6. 防疫、驱虫和检疫

所有犊牛都要进行魏氏梭菌病、巴氏杆菌病的防疫接种,最佳接种时间为 2 月龄。对种公牛、母牛基础群还要进行传染性鼻气管炎疫苗(断奶前 3 周)、口蹄疫疫苗(4 月龄首免,20 天后加强免疫,以后每半年 1 次)、伪狂犬病疫苗

(2~4月龄首免)等的免疫接种工作。另外,根据当地疫病流行情况增加接种疫苗,例如,放牧犊牛的焦虫病防疫、长途运输犊牛的传染性胸膜肺炎的防疫等。犊牛的驱虫工作也是很重要的。寄生虫以牛的组织、体液、胃肠道内容物为食,使牛营养不良、消瘦、贫血,严重时会引起死亡。贯彻以预防为主的方针,根据寄生虫的生活规律及流行规律,有计划地定期预防驱虫。定期对当地流行的疫病进行检疫,为疫病扑灭或牛场疫病控制提供依据,如布鲁氏菌病、结核病的检疫等。

7. 去势

除特殊生产(如犊牛白肉生产)外,需对公犊去势。虽然不去势的公犊的生长速度及饲料转化率均高于去势公牛和母牛,但去势公牛能很好地沉积脂肪,改善牛肉风味。为了便于管理,一般在公犊性成熟前(4~8月龄)进行去势。去势的方法有手术法、去势钳钳夹法、扎结法、提睾去势法、注射法,应用较多的为去势钳钳夹法和扎结法。要做好消毒工作,注意观察公犊去势后采食、活动、精神状态等反应。

8. 犊牛的卫生管理

犊牛舍或带犊母牛舍要做到每天清扫2次,每周消毒1次,保持地面干燥,垫草勤换勤晒。实行人工喂养的哺乳用具要定时清洗、消毒,定点摆放,饲槽要定期消毒。犊牛舍要设置饮水池,并定期更换清水,保持饮水和饲料卫生。犊牛4~5日龄后即可坚持每天刷拭牛体,每天1~2次,保持牛体清洁,防止体表寄生虫滋生,促进皮肤血液循环,加强代谢,驯良犊牛性格。

第二节　育成牛的饲养管理

一、育成牛的生理特点

育成牛一般指断奶后到配种前的牛,即断奶后到18月龄的牛。这个阶段牛的生理特点有:

1. 断奶至12月龄

体躯向高、长急剧生长,性器官及第二性征发育很快。7~8月龄以骨的发育为中心,消化器官处于快速生长发育阶段,前胃容量扩大约1倍,接近成年水平,具有了消化青贮饲料的能力。3~16月龄肌肉呈直线上升型发育。

6～9月龄,卵巢上出现成熟卵泡,开始有发情表现。因此在该阶段要求供给足够的营养物质。

2. 12～18 月龄

体尺增加幅度逐渐减小,消化器官进一步增大,消化能力增强,脂肪沉积开始增加,脂肪沉积的顺序是腹腔内脏(胃、肠、网膜、系膜、肾周)、皮下、肌肉块之间,肌肉内脂肪沉积更晚些,约从 16 月龄以后才加速,故成年牛眼肌中的大理石结构明显。

二、育成牛的饲养

育成牛的饲养因生产目的的不同而异。一般的生产场中,犊牛断奶后,将其分为后备公牛群(有育种任务的场)、后备母牛群(留作本群繁殖用)、育肥牛群(包括母牛、去势公牛、未去势公牛)。

1. 后备母牛的饲养

从维持体重到不同的增重幅度所需的干物质推荐量:日粮中干物质应为体重的 1.4%～3.2%。6～12 月龄母牛以优质鲜牧草、干草、青贮饲料、多汁饲料为主,适当补充混合精饲料;9 月龄开始,粗饲料中可掺入 30%～40% 的秸秆或谷糠类;13～18 月龄,混合饲料占日粮的 25%,主要补充能量和蛋白质。

2. 育肥母牛、阉牛的饲养

从维持体重到不同的增重幅度日粮中所需干物质推荐量:日粮中干物质应为体重的 1.5%～3.4%,综合净能为 12～62 兆焦/千克,粗蛋白质为 236～947 克。

三、育成牛的管理

1. 分群

断奶后性成熟前(不迟于 7 月龄)应将公、母牛分群,以防早配,影响生长发育。同时还应根据年龄、体格大小将牛分群饲养,以整齐饲养水平。一般要求群内牛月龄差异为 1.5～2 月,活重差异为 25～30 千克。每群 40～50 头。根据不同的月龄、体重、预计增重幅度的营养需求配制日粮,制订饲养计划。

2. 加强运动

每天都应保持一定时间和强度的运动,尤其是选出的后备公牛和种用母牛,每天可驱赶运动 2 次,每次 1 小时。

3. 刷拭

每天刷拭 1～2 次,每次约 5 分。

4. 饮水

每天都应足量供应清洁饮水,任牛自由饮用,尤其是炎热的夏季。

5. 防寒保暖,防暑降温

在不同的地区,应根据不同的气候条件做好防寒保暖,防暑降温。在北方,冬季外界温度较低,低温会消耗肉牛体内的营养物质以维持体温,冷水还会降低瘤胃温度,造成饲料利用率下降,日增重减少,甚至造成冻伤,因此必须做好冬季牛舍的保温保暖工作。牛舍墙、门、窗、风口应合理密封,但要注意通风换气。

同样,炎热的天气不但影响牛的采食量,使热应激增加,而且因牛体散发热量(如出汗等)消耗的营养物质增加,抵抗力下降,也会造成饲料报酬降低。一般采取的消暑措施有遮阳、安装电扇、喷淋、提供清凉饮水、调整饲喂方式等。

第三节　架子牛的饲养管理

育成期的肉牛如果管理较为粗放,饲料营养水平较低,在骨骼生长接近完成时,肌肉生长滞后,脂肪沉积更少,这样的牛为架子牛。架子牛在得到均衡的营养和良好的管理后,肌肉生长会加快,甚至超过正常饲养的牛,同时有脂肪沉积,这种现象称为补偿生长。补偿生长的牛采食量和饲料利用率也高于正常生长的牛,育肥会获得更高的效益。在生产中,广义的架子牛还包括淘汰的成年奶牛、肉用母牛及役用牛等。未经育肥或不够屠宰体重的牛,无论是育成的肉用牛和改良杂种牛,还是淘汰的成年奶牛、肉用母牛和役用牛,在屠宰前均需要育肥。经过育肥,不仅牛活重会增加,肌肉也会生长加快,肌内和肌间的脂肪量增加,牛肉大理石花纹明显,屠宰率提高,牛肉的嫩度和风味得到改善。

专业的肉牛生产场无须选择,只需按程序,根据牛的年龄、性别、体重分群育肥即可。目前,我国的肉牛生产所需的架子牛常从农场、农户那里选购至育肥场进行育肥。架子牛的品质直接影响商品肉牛的育肥性能,因而架子牛的选择尤为重要,须注意:

1. 品种

品种对肉牛经济生产具有重要影响。据测算,品种在畜牧业总产值中的贡献率在 45%。我国架子牛的最佳选择是夏洛莱牛、利木赞牛、皮埃蒙特牛、蓝白花牛、西门塔尔牛等肉用或肉乳兼用牛与本地黄母牛的杂交后代。这些杂交后代能充分吸收父母的优势,提高育肥的经济效益。其次是奶用公犊育成牛。这类牛的生产潜力大,粗饲料利用能力强,经济效益高;再次是成年体重达 650~700 千克的牛。最后是淘汰的成年奶牛、肉用母牛、役用牛等。

2. 年龄

一般选择 15~21 月龄、体重为 350~400 千克的牛。生产高档牛肉选择 12~18 月龄、体重为 250~300 千克的牛。

3. 性别

最佳性别选择是公牛,公牛的生长速度和饲料转化率高,而且胴体瘦肉多,脂肪少;其次是去势公牛,去势公牛早去势为好(3~6 月龄为最佳),早去势的公牛不仅可减少应激,而且能加速头颈、四肢骨骼的雌化,提高出肉率和肉的品质;最后是母牛。

4. 体质外貌

体重为 300 千克以上符合年龄要求的架子牛最佳,体高和胸围大于本品种所处月龄发育的平均值更佳,背腰平宽,胸、腰、臀要宽广,嘴方颈短。另外,还可根据牛的体质外貌标准加以衡量,如毛色、角的状态、蹄和背腰的强度,四肢的形态,肋骨的开张程度等都是很重要的条件。一般认为十字部略高于体高、后肢关节较高的牛生长能力强、皮肤松弛柔软、被毛细柔致密、肉质好。

二、架子牛的饲养

1. 饲料

饲养育成架子牛，要充分利用其补偿生长的特点，满足蛋白质与能量的营养需要。淘汰的成年牛已结束了生长发育，对营养物质的需求除了正常的维持生存外其余都沉积于体内，而饲料中蛋白质只用于组织器官的修补和维持日常代谢，多余部分同能量饲料一样被沉积于体内，因此饲料要以能量饲料为主。

2. 饲养技术

饲料现用现配，可以把精饲料、粗饲料及辅助的糟渣饲料等按程序添加饲喂，也可以将其按比例充分混合均匀投喂。无论何种方法，目的是使先后上槽的牛采食到质量相同的饲料，不养成挑食的毛病，提高育肥牛的整齐度。

育肥阶段的牛体重增长快，特别是育成架子牛。随着体重和月龄的增加，牛体骨骼、肌肉、脂肪生长沉积部位还会发生变化，因此要随牛体重的增加而对饲料进行调整。但不能突然更换饲料，应有 3~5 天的过渡期。

放牧育肥的牛，因为在牧区有广阔的草场，特别是 7~10 月牧草进入结籽期，因地制宜地利用草地资源，采用放牧与补饲育肥并举的方式进行草地牛肉生产，才能取得良好的效果。

3. 投喂次数

投喂方式有定时投喂（限制采食）和自由采食两种。目前，我国多采用每天投喂 2~3 次的方式，但自由采食更易满足牛生长发育的营养需要。试验证明，自由采食的育肥牛整齐度良好，屠宰率、净肉率明显高于限制采食牛群，且优质肉块的重量与质量也比限制采食牛群好。自由采食的投喂方式以少喂勤添为好，以使牛总感不足，争食而不挑剔。应当注意，第一次添料时不能因为少添而引起牛为争料而相互顶撞。

三、架子牛的管理

我国肉牛市场目前的发展格局是"山繁川育、北繁南育"。"山繁"，即利用山区土地资源丰富的优势，给予母牛充足的运动场地，以保证母牛的健康，进而保证繁殖率；"川育"，即利用川区的交通优势和粗饲料优势，集中育肥，以降低育肥成本。"北繁南育"，即根据内蒙古和东北的肉牛交易规律，在秋冬饲草资源减少的时候，收购架子牛，运至农区，利用农区的秸秆资源集中育肥。"山繁川育、北繁南育"能最大限度地利用自然资源和市场规律,养殖成本虽然降低,但运输成本有所增加。异地购入架子牛,要注意以下问题。

1. 运输

异地育肥的架子牛应来自无疫病流行的地区,牛本身的健康状况良好。为了减少运输应激,运输前应让牛饮用加有多种维生素的温水,途中应备有足够的清水,让牛定时限量饮用,装运的车辆要严格消毒,且空间充足(0.7 ~ 1.3 米^2/头),不能粗暴装卸。

2. 隔离饲养

架子牛到达目的地后,要单独饲养 1 个月,严禁与场中原有牛混群饲养,利用这段时间对新来牛进行调整,让牛适应 1 ~ 2 周;对牛进行驱虫;对牛进行称重分组、编号,观察牛的行为、饮食,制订育肥方案等。

3. 去势

对即将育肥的公牛实施去势术,以利于管理,去除肉脂膻味,改善肉质。一般在育肥的 10 ~ 30 天去势。

第四节　繁育期母牛的饲养管理

繁育期母牛的饲养管理直接影响犊牛的质量(初生重、断奶重、断奶成活率),哺育犊牛的能力,母牛再生产的能力(产犊后返情的时间和再次妊娠的能力)等,因此肉用母牛的饲养管理决定肉牛养殖场的经济效益。

一、妊娠母牛的饲养管理

妊娠母牛的营养需要量为母牛的维持需要量、生长需要量及胎儿生长发育需要量的总和。在妊娠的前 6 个月,胎儿生长较慢,处于器官组织分化阶段,提供全价日粮即可满足营养需要。在妊娠后 3 个月,胎儿处于增重阶段,这个时期胎儿的增重一般占犊牛初生重的 70% ~ 80%,需要从母体吸收大量的营养,同时母牛需要在妊娠期增重 45 ~ 70 千克,才能保证产犊后的正常泌乳和再生产。

妊娠后期母牛的日粮浓度与日增重 0.6 ~ 0.8 千克的同体重育成母牛相似,日粮以品质优良的干草、青草、青贮饲料和根茎饲料为主,精饲料较妊娠前期增加 1 ~ 2 千克,按干物质计算,粗、精饲料比例为 70:30。此外,要适当补充维生素 D、维生素 E。冬季青饲料缺乏时,可每头每天饲喂 1～2 千克胡萝卜。妊娠牛禁喂棉籽饼、冰冻及霉变饲料,饮水温度不应低于 10℃。

妊娠期母牛舍应保持清洁、干燥、通风良好,无论放牧或舍饲都要防止挤撞、滑跌、鞭打、猛跑,禁止防疫注射、惊吓等较大的刺激,舍饲牛应有充足的运动(2～4 小时),以增强母牛体质,促进胎儿发育,防止难产,要做好保胎工作。

二、围产期母牛的饲养管理

母牛分娩至产后 4 天为分娩期,这个阶段的饲养管理对母牛、胎犊、新生犊牛的健康至关重要。这个时期的牛要经历妊娠、分娩、泌乳的生理变化,在饲养管理上具有特殊性、应得到合理的饲养与护理。

1. 分娩前的饲养管理

母牛临近产期要停止放牧、役用,预产期前 7～15 天将母牛集中移入产房,由熟练工人负责饲养看护。注意观察母牛的采食与乳房变化,做好接产的准备工作。备齐消毒药和急救药品,垫草要柔软、清洁、干燥。

一般在产前 7 天酌情增加精饲料,每天的饲喂量不能超过体重的 1%,这样有助于母牛适应产后泌乳。但对过肥或乳房显著水肿的临产母牛则要减少精饲料和多汁饲料的饲喂量,同时要减少食盐和钙的量,钙含量减至日常喂量的 1/3～1/2,或把日粮干物质中钙的比例降至 0.2%,适当增加麸皮含量,防止母牛产后便秘。

2. 分娩后的护理与饲养

刚分娩时喂给母牛温热、足量的麸皮水(5% 麸皮、0.5% 食盐、0.02% 碳酸氢钙),添加 2.5% 的红糖效果更好。麸皮水可起到暖腹、充饥、增腹压、活血化瘀的作用。同时饲喂柔软优质青干草 1～2 千克。以后可供给足量青干草,任母牛自由采食,并逐渐配合精饲料,3～4 天后转入正常日粮,但精饲料最多不能超过 2 千克,精饲料应富含钙质。让新生犊牛尽早吸食初乳,热敷和按摩乳房,每天 5～10 分,促进乳房消肿。

三、哺乳期母牛的饲养管理

哺乳期母牛的主要任务是泌乳,母牛产前 30 天到产后 70 天是母牛饲养的关键 100 天,哺乳期的营养对泌乳(关系到犊牛的断奶重、健康、正常发育)、产后发情、配种受胎都很重要。哺乳期母牛的热能、钙、磷、蛋白质都较其他生理阶段的母牛有不同程度的增加,每天产 7~10 千克奶的体重为 500 千克的母牛需进食干物质 9~11 千克,可消化养分 5.4~6.0 千克,净能 71~79 兆焦/千克,日粮中粗蛋白质为 10%~11%,并应以优质的青绿多汁饲料为主。哺乳母牛日粮营养缺乏时,会导致犊牛生长受阻,易患下痢、肺炎、佝偻病,而且犊牛这个时段生长阻滞的补偿生长在以后的营养补偿中表现不佳。营养缺乏还会导致母牛产后发情异常,受胎率降低。

分娩 3 个月后,母牛的产奶量逐渐下降,过大的采食量和过量的精饲料供给会导致母牛过肥,从而影响其发情和受胎。在犊牛的补饲达到一定程度后应逐渐减少母牛精饲料的饲喂量,但应保证蛋白质及微量元素、维生素的供给,并通过加强运动、给足饮水等措施,避免产奶量急剧下降。

在整个哺乳期要注意母牛乳房卫生、环境卫生,防止因乳房污染引起的犊牛腹泻或母牛乳腺炎。

四、空怀母牛的饲养管理

空怀母牛指在正常的适配期(如初配适配期、产后适配期等)内不能受孕的母牛。空怀母牛饲养管理的主要任务是查清不孕的原因,针对性采取措施平衡营养,提高受配率、受胎率,降低饲养成本。造成母牛空怀的原因主要有先天和后天两方面的原因,因先天性原因造成母牛空怀的概率较低,后天性原因主要在于饲养和管理,如营养缺乏(包括母牛在犊牛期营养缺乏)、役用过度、生殖器官疾病、漏配、失配、营养过剩或运动不足引起的肥胖、环境恶化(过寒过热,空气污染,过度潮湿等)。一般在疾病得到有效治疗、饲养管理条件改善后能克服空怀。

空怀母牛要求配种前具有中等膘情,不可过肥或过瘦。纯种肉母牛常出现过肥的情况。过瘦母牛在配种前的 2 个月要补饲精饲料,从而提高受胎率。

第五节　灾害环境下的应急管理

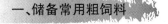

一、储备常用粗饲料

不论南方还是北方,不论牧区还是农区,储备粗饲料越冬过春是一个必不可少的环节。特别是认为冬季可以放牧、种植冬季牧草便可越冬的西南、中南部地区和依靠冬牧场过冬的牧区，应汲取以往的教训，在冬季到来之前储备粗饲料。

粗饲料的储备需要畜牧技术人员根据往年的气象资料、该区域现有的存栏量、粗饲料产量、非危险季节（无暴雨、洪水、大雪、冰冻）可直接利用的量以及当地的自然条件和饲料资源的特点，指导农户（场）进行有计划地饲料储备。储存量应该以第二年春后的鲜草能供应粗饲料需要量为基准。粗饲料的储存可以根据当地的自然条件和粗饲料资源的特点采取青贮、干草打垛、氨化等方法。

户养规模的饲料储备在遇小区域、中低程度、短时间的自然灾害时具有较强的抵御能力，其抵御能力主要建立在灾害到来之前未发生过其他灾害、交通运输和电力不中断、产品交易基本能进行、不发生次发灾害之上。但当已经发生过的灾害（如干旱或水灾）造成了粗饲料歉收时，或者发生危害性强、危害面广、持续时间长的灾害（如 2008 年年初我国南方特大雪冻害）时，户养规模的饲料储备很难完全抵御。面对这样的灾害，即便是事先进行了饲料储备，应对机制也十分脆弱。但有组织、有规模、有计划地粗饲料储备能提高抵御自然灾害的能力。

二、建立区域性自给自足的草畜产业链条

2020 年 1 月突发的新冠肺炎疫情，对很多行业都有冲击，养殖业也未能幸免，许多养殖场无法正常运转，经济损失较大。主要问题有如下两个方面：第一是饲草饲料供应不足，部分养殖场不得不通过限饲渡过难关，从而导致肉牛膘情下降，母牛繁殖受阻。第二是该出栏的肉牛由于交通和市场关闭限制不能出栏，损失体重，饲养效益降低，造成多家养殖场损失严重，甚至倒闭。养殖场一旦倒闭，再恢复生产难度很大，尤其是牛生产企业。由于母牛生产周期长，营养不良和繁殖率下降会淘汰很多母牛，部分牛企（场）退出肉牛养殖行业，导致产业链供应断裂。因为牛的繁殖周期长，扩群较慢，一旦退出就很难恢复，进而造成产业结构性失衡。

可通过"建立区域性自给自足的草畜产业链条"，应对新冠肺炎疫情危机。通过电话、微信等形式联系肉牛产业链上的各个生产企业，使他们联系互动，在区域内实施小范围的饲料饲草运输联动，保障肉牛出栏、牛肉供应。从

此次疫情的影响可以看出饲草饲料供应、牛源补栏、育肥牛出场等环节问题的出现，除了交通的限制因素以外，究其深部原因是产业链条之间的衔接不够紧密，致使出现了"有牛出不去，要牛进不来"的尴尬局面。在养牛相对集中的区域建立更完善的草畜产业链条连接机制，在布局区域化时建立区域性自给自足的产业链条，通过区域性饲草畜牧一体化协同发展，同时解决农业面临的养殖粪污和秸秆焚烧两大农业污染问题。

三、关注天气预警，做好牛肉加工环节灾前准备

每年我国的畜牧业都会因洪涝灾害损失巨大。据光明网报道，2021 年河南等地发生洪涝、台风等灾害，局部地区畜牧业损失很大。截至 2021 年 7 月 29 日，全国有 1.5 万家养殖场户受灾，倒塌损毁的圈舍达 427.6 万米^2，死亡大牲畜和羊 4.5 万头，直接经济损失达 20 多亿元。因此，在洪灾多发的季节，肉牛屠宰加工企业应做好充分的应急准备，尽量将灾害影响降到最低。要加强与当地气象部门的联系与沟通，及时了解气象信息，做好应急准备；密切关注天气变化动态，提前做好防灾抗灾准备。如有突发情况，要及时和当地政府的畜牧发展中心、应急办、民政等部门做好沟通协调。

灾害性较强的恶劣天气，如大洪水和特大洪水发生后，大量肉牛圈舍、肉牛屠宰车间、冷库、运输车辆被冲毁、垮塌、浸泡等，肉牛及饲料被洪水淹死或冲走，饲料作物被淹没。天灾破坏性极大，可预见性较低，灾害发生前应果断全面停工停产；及早检修供水、供电设备、设施，高度重视工程用电安全，防止台风和雷电造成的电路损坏引起火灾；待宰圈的肉牛应及时转移至高处，避免被淹或塌方，有栓系的，在暴雨前尽量解开牛绳，以便紧急情况牛能自救，减少损失；冷库应在恶劣天气来临前降低至最低温度，防止灾后断电的影响；销运中的肉应尽量紧急密封冷存。

四、关注自然灾害预警，强化灾前防范

肉牛养殖场应加强与气象等部门的联系沟通，及时了解关注近期当地灾害预警信息，在灾害天气时强化养殖场应急值班。一旦出现灾情，应尽快核实养殖场内受灾情况并报送相关信息。

肉牛养殖场应树立防灾减灾意识，及时排除安全隐患，沟通组织体系专家和技术人员指导做好各项防范准备工作。在预报的各种自然灾害来临前，彻

底排查安全隐患,及时加固畜禽棚圈,检查修缮电力设备,疏通排水管道沟渠,同时做好饲草料等物资的储备和储藏。根据灾情的发展,及时组织牛、饲料及其他物资等安全转移。提倡尽早积极购买农业保险,提高防灾抗灾能力。

防范地质灾害:肉牛场在山区建设选址时需尽量避开陡峭的山坡,行洪道,山洪、滑坡及泥石流易发地带。在山地松动区域建设养殖场时,需设计并建造挡土墙或挡石墙,防止滑坡。在地势平坦处建设养殖场时,需避开容易形成内涝的区域。平地肉牛场建设需要避开现有水系,要设计并建设直通场外的行洪沟,确保排水通畅。

防范地震及大风或台风灾害:规模化养殖场所有牛舍建设尽量采用轻便设计,并达到当地要求具备的防震、防风等级。推荐使用钢构建造圈舍,这样的圈舍延展性更好且抗震能力更强。出现大风天气或台风预警时,应立即停止场外露天放养牛群,提前加固或拆卸场内棚架和围栏等不牢固物品,避免发生二次事故。养殖场内不露天堆放草料,避免物资受损。大风时停用室外风险电源,避免因风导致触电。危房内禁止躲避停留、禁止饲养家畜,造成二次伤害。

防范暴雨灾害:养殖场内仓库的饲料应尽量加高堆放,避免饲料受潮和被水淹;场内积水区域及时引导疏通,加速积水排出;截断低洼地段危险电源,避免牛因触电而死亡;检查疏通排水沟渠和管道,避免因堵塞导致圈舍淹水;牛场应改用地上式青贮窖(池)。

防范高温灾害:密切关注高温天气预警,高温天气时停止场外露天放养家畜,避免阳光直射。增加圈舍风机数量,增强空气对流。养殖场内铺盖遮阳网,降低圈舍内温度。避免正午高温饲喂,增加家畜采食量。场区配有充足的应急备用水源和抽水泵等相关设施和物资。日常养成节约用水的良好习惯,避免浪费水源。保持与水源调度单位联系,确保养殖用水。另外,确保草棚内地面应高于外部地面半米以上,同时保证通风良好,以减少夏季高温高湿带来的霉变等影响。

防范雨雪及冰冻灾害:雨雪冰冻天气时,停止场外露天放养家畜,避免家畜冻伤;预备充足的饲草饲料,避免因大雪封路、物流停运而导致饲料匮乏。牛舍屋顶设计需达到能承受当地常年最大降雪的要求,并易于除雪、除冰;提前购买除雪相关工具,做好准备工作;增加保温和加热设备,帮助家畜保暖御寒;及时加固棚架及临时搭架,避免雪压。

防范物资缺乏等风险:加强牛场饲料及物资储备力度,改变传统精饲料储备尽量少(7天左右)的做法,将精饲料储备增加到30天左右,以应对突发灾害。同时,规模化肉牛养殖场应储备充足的柴油发电机、抽水泵、柴油等应急设备和物资。

防范重大疾病风险:牛场应根据当地和本场疫病情况制定合理的免疫程序,做好口蹄疫、牛结节性皮肤病、牛出血性败血症、牛流行热等疫苗的注射。应阻止野生和流浪动物进入生产区,另外限制不必要的人、车、物在生产区流动。做好夏季消灭蚊虫工作,加强出入消毒、隔离消毒和生产区圈舍内外消毒,对发病动物、病死动物及其排泄物和污染场地进行消毒、隔离和无害化处理。

五、强降雨前牛场管理

通过对我国夏季受灾地区的肉牛企业调查统计发现,大多数因遭到暴雨灾害造成严重损失的牛场都是采用地下式青贮窖,持续下雨导致倒灌现象出现,使青贮饲料发生霉变;其他饲料被淋湿或者长时间暴露在湿度过大的空气中也会发生霉变,从而造成饲料短缺。自古就有"洪水过后防瘟疫"之说,持续下雨会导致牛舍潮湿泥泞,易造成肉牛摔倒损伤;同时粪尿不能及时清理,导致牛舍内病菌繁殖迅速,大大增加了肉牛的患病率。因此,针对长时间和高强度降水对肉牛养殖可能造成的危害,特提出以下强降雨前管理措施。

加强牛场水电管理,确保用水用电安全且要有备用设备。检修牛场的用电线路,防止在暴雨发生时出现漏电、触电等现象,保障人、牛安全。同时也要检查牛场备用的发电设备,以应对暴雨造成的停电问题,保证暴雨灾害过程中或灾后照明、生产和饮水等相关设备正常运转。排查管道是否阻塞,及时清理,防止雨水排出受阻,致使牛场被淹。

加强饲料饲草储存管理,保证饲料饲草充足且安全,坚持查看饲料质量。注意检查青贮窖周围排水道是否畅通,避免倒灌;查看青贮饲料顶部塑料膜是否覆盖完好,以免渗透;检查饲草储备棚有无裂缝,保证饲草储备充足,避免断料、断草以及饲料饲草发霉变质现象。

加强牛舍修建及运动场管理,保障肉牛舒适度。暴雨季节如果运动场积水较多或过于泥泞,牛不能进入运动场,只能将牛限制在空间较小的牛舍。因此,在修建牛场前要注意场地的选址,应选择地势高且宽阔的地方。雨季来临之前,要及时平整运动场,疏通周边的排水管道,不让牛聚集在狭小的牛舍,减少肉牛损伤。

六、强降雨后肉牛管理措施

检修水电,保证用水用电安全,做好牛舍和环境消毒工作。检查牛场的所有电路及用电设施在暴雨后是否受损(有漏电、电线断损等问题),并及时修理,避免在暴雨后的生产自救和恢复生产过程中发生人、牛不安全事故。及时清除洪水淹过的牛场、牛舍上淤积的泥土、沙石、粪便等,牛舍垫草要及时清除换新,以免对牛体造成损伤。雨后对牛场道路、栏舍、场地进行彻底清洗、消毒,使用喷雾器连续 1 周对牛场喷雾消毒,保持场区环境卫生。

1. 排水

青贮窖和牛舍是积水的重灾区。应及时排干青贮窖内积水,检查和修补青贮窖受损的地方,争取将损失降到最低。潮湿环境会造成蚊蝇、细菌的滋生,应及时排干牛舍内积水,加强圈舍的通风换气,控制好舍内温、湿度,及时清理粪便,更换垫料,尽快恢复牛场干燥,避免病原菌快速繁殖。不能及时排净的,应尽快将牛转移至干燥、安全地带。

2. 消毒

暴雨造成污水横流,土壤中病原暴露,需要加强牛场全面消毒工作。一是做好圈舍和设施设备消毒,彻底清理牛舍和设备后,连续消毒 1 周,不留死角;二是做好水源消毒,被雨水淹没的水源应使用漂白粉、二氧化氯等药物消毒后再给牛饮用;三是做好牛体表消毒,以有效杀灭体表微生物;四是做好牛驱虫工作。

3. 加强营养

暴雨会使牛群产生应激反应,牛抵抗力下降后,容易受到疫病侵袭。应提高饲料营养成分,适当增加饲料中的维生素含量或添加微生态制剂来增强牛自身免疫力和抗应激能力。对牛产生应激反应后容易发生的细菌性疫病可进行药物预防和保健。

4. 防疫

如有牛死亡,要及时对尸体进行无害化处理,以防污染环境,甚至引起疫病流行。这样的牛不能食用,不能乱丢乱放,应严格按照《病死及病害动物无害化处理技术规范》要求对死牛进行处理,优先选择焚烧、化制等工厂化方法进行无害化处理,不具备条件的地方可选择深埋处理。被污染的饲料、排泄物和杂物等,也应喷洒消毒剂后共同深埋。深埋地点要远离住宅、养殖场和水源,避开泄洪区和交通要道。对于强制免疫的动物疫病,要根据情况及时强化免疫。对于其他畜禽传染病,要根据疫情动态,做好预防接种工作。发现疫情要及时报告,果断处理,防止疫情蔓延。做好驱虫工作,主要驱除寄生于牛消化道、肝脏和胆管的寄生虫。

5. 防霉

未被雨水浸泡的饲料和饲草要及时清理出来,尽快饲喂。对于发霉变质的饲料要及时清理,禁止饲喂。饲料应尽量现配现用,保持干燥、清洁。饲料储存间要通风透气,防止饲料霉变。

第五章　肉牛生产能力及肉质评定方法

　　按育肥对象不同,肉牛育肥可分为奶公犊育肥、犊牛育肥、幼龄牛强度育肥、架子牛育肥、成年牛育肥。肉牛生产性能指标主要包括初生重、断奶重、日增重、育肥度、早熟性、饲料报酬等。肉牛的生产性能,直接关系到养殖企业的经济效益,对国民经济也具有重要意义。

第一节　肉牛生产性能的测定与计算

一、影响肉牛生产性能的因素

1. 品种

品种对牧场经济效益的贡献率约45%,不同品种的牛由于遗传基础不同,体格、体型和代谢类型方面也存在差异,使得初生重、断奶重、日增重、育肥速度、饲料报酬、单产肉量、胴体结构等方面表现出较大的差异。例如,优良的肉牛品种(夏洛莱牛等)育肥期平均日增重可达1.5~2.0千克,18月龄胴体重300~350千克,屠宰率为60%~65%,而我国地方黄牛平均日增重0.6~0.8千克,胴体重为200~230千克,屠宰率为50%~58%。同样大型良种肉牛与小型肉牛也有很大差别,例如安格斯牛日增重1.0~1.5千克,屠宰率可达60%~65%。

2. 年龄

肉牛的生产性能与年龄关系密切,例如青年牛随着年龄的增长,日增重、肉的嫩度、饲料转化率、生长速度逐渐降低,胴体脂肪含量增加;小牛产肉量低,但其生长速度快。综合各种因素,良种肉牛多在1.5岁左右屠宰,我国地方品种牛在2.0岁左右屠宰较为经济。

3. 性别影响

肉牛的性别与增重和牛肉品质有较大关系。一般情况下,母牛育肥速度是几种育肥牛中最慢的;阉牛较母牛易育肥,肌肉间夹杂有少量脂肪,肉质细嫩,色较淡;公牛的育肥速度最快,饲料转化率较阉牛高,每千克增重所需饲料比阉牛少12%,瘦肉率、屠宰率高,眼肌面积大,但肌肉内结缔组织多,脂肪沉积少,肌纤维粗糙,风味不佳。

4. 营养与管理

饲养水平是提高肉牛生产性能与改善肉质的重要因素,在不同营养条件下培育幼牛,其体质状况、生长速度有很大差异。牛肉的风味也存在很大差异。另外,在炎热和寒冷季节,管理不当、运动缺乏、疾病都可造成肉牛体质下降或病态,影响肉牛生产性能。

5. 杂交

杂交对于提高肉牛生产性能是非常有效的。试验表明,杂交犊牛的初生重、断奶重、断奶后日增重、犊牛育成率分别比纯种牛提高约 3.1%、5.1%、3%、5%，产肉能力可提高 15%~20%；杂交母牛具有较长的产犊寿命，繁殖率高，所产犊牛活力强。我国利用引进的纯种肉牛品种与本地品种牛杂交，杂交一代的产肉性比当地品种牛提高 20%~30%，饲养条件越好，杂交优势越明显。

二、肉牛生产性能指标

1. 活体指标

（1）初生重 犊牛出生后、吃初乳前的活重。肉用犊牛初生重大，活力强。初生重和母牛的饲养水平与品种有关，过大的犊牛难产率较高。

（2）断奶重 国内一般指 205 日龄或 210 日龄犊牛的活重，断奶日龄不足或超过 210 日龄或 205 日龄时，可以通过以下公式加以校正。

$$210 日龄校正断奶重（千克）= \frac{断奶重（千克）- 初生重（千克）}{实际断奶时日龄（天）} \times 210 + 初$$

生重（千克）

如用 205 日龄校正断奶重时只需将公式中 210 换为 205 即可。

断奶重可反应哺乳母牛的泌乳能力及犊牛的开食和采食能力，是肉牛生产性能的重要指标。

（3）哺乳期日增重 犊牛断奶前平均每天的增重量。

$$哺乳期日增重（千克）= \frac{断奶体重（千克）}{断奶时日（天）}$$

（4）育肥期日增重 集中育肥期内牛平均每天的增重量。

$$育肥期日增重（千克）= \frac{育肥期体重（千克）- 育肥初体重（千克）}{育肥期天数（天）}$$

（5）饲料报酬 饲料报酬有两种计算方法，即在饲养期生产 1 千克肉需要的饲料干物质和育肥期内增重 1 千克体重所需的饲料干物质，后一种方法也可以扩大到整个饲养期内。计算公式如下：

$$生产 1 千克肉所需饲料干物质（千克）= \frac{饲养期共消耗饲料干物质（千克）}{胴体肉重（千克）}$$

$$增加 1 千克体重所需的饲料干物质（千克）= \frac{饲养期共消耗的饲料干物质（千克）}{饲养期内纯增重（千克）}$$

2. 屠宰指标

（1）宰前重 宰前绝食 24 小时后的体重。

（2）宰后重　屠宰放血后的体重。

（3）血重　屠宰时放出的血液的量。

（4）胴体重　去除头、尾、皮、蹄（趾、指段）、内脏后的重量，包括肾脏及肾周脂肪重量。

（5）背膘厚度（背脂厚）　第五至第六胸椎间距背中线3~5厘米处的皮下脂肪厚度。

（6）腰膘厚度（腰脂厚）　第十二至第十三胸椎间距背中线3~5厘米处的皮下脂肪厚度，相对于眼肌最厚处的皮下脂肪厚度。

（7）眼肌面积（厘米^2）　第十二至第十三肋间眼肌与背线垂直的横切面积，眼肌面积是评定肉牛生产潜力和瘦肉率的重要技术指标之一。

（8）胴体肉重（净肉重）　胴体剔除骨和脂肪后的重量。

（9）胴体骨重　胴体剔除肉后的骨骼重量。

（10）胴体脂重　胴体内外侧表明及肌肉块间可剥离的脂肪总重量。

3. 产肉能力的重要计算指标

（1）屠宰率　屠宰率有两种计算方法，即胴体重占宰前重的百分比和胴体重占净体重的百分比，后一种方法更为准确些。另外，还有将体腔脂肪（肠系膜脂肪）加入胴体重中求得的屠宰率。无论何种计算方式，在应用时要加以说明。

（2）净肉率　净肉率的计算与屠宰率相似，有两种方法，即胴体肉重占宰前重的百分比和胴体肉重占净体重的百分比。另外，还有将体腔脂肪加入胴体肉重中求得的净肉率。实际工作中需注明方法。

（3）胴体产肉率　胴体肉重（净肉重）占胴体重的百分比。

$$胴体产肉率 = \frac{胴体肉重}{胴体重} \times 100\%$$

（4）肉骨比　胴体肉重与骨重的比值。

$$肉骨比 = \frac{胴体肉重}{胴体骨重} \times 100\%$$

（5）肉用指数（BPI）　平均成年活重（千克）与体高（厘米）的比值。肉用型牛肉用指数公牛大于5.6，母牛大于3.9；役用牛肉用指数公牛小于3.6，母牛小于2.7；兼用型牛肉用指数介于两者之间。

第二节 肉牛的育肥方式

一、奶公犊育肥

奶公犊育肥是将不作种用的公犊用全乳或代乳品育肥。奶公犊资源的充分利用,不仅能缓解国际市场上牛肉供应不足的紧张局面,而且可以满足广大消费者对高品质牛肉的需求。奶公犊育肥技术主要包括犊牛肉生产技术和普通牛肉生产技术。

犊牛肉生产技术包括小白牛肉生产技术和红牛肉生产技术。其中小白牛肉幼嫩、多汁、芳香,是一种昂贵的高档牛肉。肉用犊牛饲养原则就是只能喂乳或代乳品,不能喂精饲料或粗饲料。若要犊牛增重快,应加喂植物油,但植物油必须氢化,如加氢化棕榈油。肉用犊牛在 2 月龄时背上有脂肪沉积,当体重达到 90 千克时可以上市屠宰。奶公犊先用全乳或代乳品饲喂,再用谷物、干草及添加剂饲喂至 6 ~ 12 月龄出栏屠宰生产的牛肉被称为谷饲小牛肉或犊牛红肉。犊牛红肉颜色鲜红,肉质细嫩,易咀嚼,且生产成本较低,是牛肉中的上品。生产犊牛红肉时多采用散栏直线育肥、自由采食、自由饮水、自由活动的饲养方式。普通牛肉生产技术主要是奶公牛持续育肥技术,主要在精饲料来源丰富、价格较低廉,有丰富的优质牧草作保障的地方和生产优质牛肉时采用该技术。

二、犊牛育肥

犊牛育肥是指用较多数量的牛乳及精饲料饲喂犊牛,至 7 ~ 8 月龄断奶时体重达 250 千克左右即可屠宰。其肉质呈淡粉红色,柔嫩多汁,味道鲜美,营养价值很高,是牛肉中的上品。优良的肉用品种、兼用品种、乳用品种或杂交种均可。选头方大,前管围粗壮,蹄大,健康无病,体重不少于 35 千克的初生犊牛,最好是公犊。

三、幼龄牛强度育肥

幼龄牛强度育肥是指犊牛断奶后直接转入生长育肥阶段,一直保持很高的日增重,达到屠宰体重时为止,也叫持续育肥。育肥期间采用全舍饲、高营养饲养法集中育肥,使牛日增重保持在 1.2 千克以上,周岁时结束育肥,体重

肉牛提质增效健康养殖关键技术

达 400 千克。这种方法生产的牛肉仅次于犊牛肉。具体饲养管理方法是定量喂给精饲料和主要副饲料,粗饲料不限量;自由饮水,冬天饮不低于 20℃ 的温水;尽量限制其运动,保持环境的安静,公牛不去势。

四、架子牛育肥

架子牛育肥是我国常用的一种育肥方式,这些牛通常从外地(牧区、集市)等购入,运至育肥场进行育肥,也称异地育肥。我国对架子牛尚没有统一的分级标准。一般为 1.5~2 岁,本地良种可能达 3~4 岁,有的甚至 5~6 岁。

1. 后期集中育肥法

淘汰奶牛、肉用母牛、役用牛、异地饲养的架子牛等体况均达不到屠宰标准,需在短时间内集中饲养,增加饲料浓度和饲喂量,以改善膘情和牛肉质量,这种方法称为后期集中育肥。这种育肥方法在我国应用较为广泛,后期集中育肥,可使屠宰率、胴体品质、经济效益有明显提高。育肥的方法因牛群生长发育规律的不同而异。牛的分群可按月龄分为 12~15 月龄组、18~20 月龄组、2 岁以上公牛与阉牛组、成年淘汰牛组。同一月龄组还可根据体重、性别不同分组。后期集中育肥时间较持续育肥时间短,一般需 2~3 个月即可完成。

2. 放牧补饲育肥法

这种方法在我国牧区、山区应用较多,方法简易,投资少,能充分利用当地资源,经济效益高。育肥一般选择在草质盛旺时节,整天放牧,日补精饲料 2.0~3.0 千克,有条件的地方可分 2 次进行,晚上圈养时可使牛自由采食粗饲料。

3. 调制秸秆加精饲料法

农作物秸秆经过化学、生物等方法处理后,其营养价值、口感均得到改善,是农区最广泛和廉价的饲料资源。经河南、山西、陕西、河北、山东等省试验,效果良好。

4. 青贮饲料加精饲料法

在秋季作物产量较大的地区,可作青贮饲料的玉米秸秆产量丰富,青贮玉米秸秆是喂食肉牛的优质饲料,外加一定数量的精饲料进行肉牛育肥,能取得较好的增重效果。

五、成年牛育肥

用于育肥的成年牛往往是役用牛群、奶牛群和肉用母牛群中的淘汰牛。

这类牛一般年龄较大、产肉率低、肉质差,经过育肥,增加肌肉纤维间的脂肪沉积,肉的味道和嫩度得以改善,提高了经济价值。育肥之前,要进行全面检查,凡是病牛均应治愈后再育肥,无法治疗的病牛不应育肥;过老、采食困难的牛也不要育肥,否则会浪费饲料,达不到育肥效果。育肥前要驱虫、健胃、称重、编号,以利于管理。育肥期不宜过长,一般以 2~3 个月为宜。

第三节 肉质评定

一、牛肉理化特性

1. 牛肉的物理特性

牛肉的物理特性包括净肉色泽、大理石花纹、风味、系水力、嫩度等。

(1)净肉色泽 牛肉的色泽是鉴定肉质的重要指标。牛肉的颜色由肌肉组织与脂肪组织的颜色来决定,受品种、年龄、育肥程度、解剖部位、肌红蛋白含量与化学状态、宰后处理储藏时间及储藏过程中牛肉发生的各种生化过程(发酵、分解、腐败)等因素影响,牛肉的颜色一般为红色,pH 在 5.6 以下时牛肉色泽亮,高于 5.6 则变暗,超过 6.5 时肉色深暗。色泽主要取决于牛肉中的肌红蛋白的含量和化学状态。肌红蛋白的化学状态有 3 种,即紫色的还原型、红色的氧合型和褐色的高铁型。牛肉自然放置时,随着放置时间的推移,肉的颜色将由紫色转变为红色(约 30 分),再由红色转变为褐色(几小时至几天,受氧压、温度、pH、细菌繁殖程度等影响)。由于第一次转变需时较短,一般鲜红色的牛肉即代表新鲜,褐色则意味着放置时间较为长久。另外,黄牛肉呈淡棕红色,水牛肉呈暗红带蓝紫色光泽,老龄牛肉呈暗红色,犊牛肉显淡灰红色,皆与肉中肌红蛋白与化学状态的含量有关。

(2)大理石花纹 指肌肉脂肪在牛肉组织中分布形成的可见花纹,因其形似大理石的花纹而得名。大理石花纹是衡量牛肉品质的重要指标,与牛肉的嫩度和风味密切相关,还影响牛肉的品质等级和人们的视觉感官,是消费者做出购买决定的主要依据。牛肉中脂肪组织一般为白色,颜色的变化受饲料和屠宰方法影响,如青草育肥会使脂肪呈黄色,放血不净会使脂肪稍带红色等,厚实、坚硬、致密有光泽是好品质脂肪的标志。牛肉的大理石花纹是肌肉组织中以点状或以点延展在肌束间、肌肉间沉积中性脂肪的结果。大理石花纹是牛肉肥瘦程度的指标,对牛肉品质具有十分重要的意义。有大理石花纹的牛肉质地鲜嫩、柔软、多汁，是理想的肉品。大理石花纹一般根据第十二和第十三肋间处背最长肌切面的可见脂肪划分等级。等级划分标准因国家不同而不同，但肌肉间脂肪含量愈高、大理石花纹分布愈均匀的牛肉得分愈高，等级也愈高。

（3）风味　肉的风味是肉品质的重要条件，牛肉的风味由滋味和香味组合而成，前者的呈味物质是非挥发性的，主要靠舌面味蕾的味觉细胞感觉，后者的呈味物质是挥发性的芳香物质，主要靠人的嗅觉细胞感觉。生肉一般只有咸味、金属味和血腥味，熟牛肉才具有滋味和特殊的芳香味。

（4）系水力　指原有水分和添加水分的能力，是一项重要的肉质性状，也是一个重要的经济性状，它关系到牛肉的色香味、多汁性、嫩度、营养价值、经济价值等。肌肉组织中水分有 3 种存在状态，即结合水、自由水、不易流动水，分别约占总水分的 5%、15%、80%。结合水指与蛋白质分子表面紧密结合的水分子层，很难改变其与蛋白质的结合状态，对肌肉的系水力没有影响。自由水是存在于肌细胞间隙的水分，依靠毛细管凝结作用而存在于肌肉中，对肌肉的系水力影响不大。不易流动水存在于肌原纤维及膜之间，可保持性取决于肌原纤维蛋白质的网状结构、毛细血管的张力及蛋白质所带静电荷的多少，这部分水能溶解盐类及其他物质，在 0℃ 或稍低温度下结冰，决定着肌肉的系水力。影响肌肉系水力的因素很多，主要有 pH（乳酸和磷酸含量）、能量水平、加热程度、盐渍、储存方式、牛的品种、年龄等。同时肌肉还有自然吸收周围液体增加重量的膨润性，这种肌肉组织与水相互作用的特性称为肉的水化性。冷却肉在 pH 为 5.4～5.6 时，保水性最低；pH 达到 6.6 时，保水性增加 2 倍，而水化性良好，能提高热加工时的保水能力。生产中利用肌肉亲水潜能和水化特性，在食品加工过程中适当添加水分，以提高商品产出率，改善牛肉口味。测定肌肉系水力的方法有滴水法、加压法、离心法、加热性等。

（5）嫩度　指肉入口咀嚼时对碎裂的抵抗力。肉在被咀嚼时具有抵抗力称为肉的韧度，肉的嫩度一般用来反映熟肉制品的柔软、多汁，易于被嚼烂的程度。肉的嫩度与韧度受牛品种、年龄、性别、使役情况、肌肉的解剖学部位和组织结构与状态、屠宰后肉的生化变化、成熟作用、贮藏方法、热加工、水化作用、pH 等因素的影响。就品种、性别、年龄而言，肉牛肉、乳牛肉、母牛肉、阉牛肉、幼牛肉较黄牛肉、水牛肉、公牛肉、老牛肉嫩度高。胶原蛋白含量较多的肌肉韧度较大。

对肉的嫩度的评定要借助于仪器来测定，测定程序也已标准化，通常有切断力(剪切力)、穿透力、咬力、剁碎力、压缩力、弹力、拉力等指标。切断力最为常用,国际上较为通用的方法是:将肉加热到肉中心温度70℃为止,水浴温度为75～80℃,沿测试样品肌纤维走向切2.5厘米×1厘米的长条形肌肉块2～3块,以剪切仪的切刀沿肌纤维垂直方向下切,切断为止,最大用力值即为切断力,以千克为单位。切断力超过4千克的肉是比较韧的肉,不被消费者接受。肌肉的嫩化还可采取人为方法,如电刺激,击打肉块,用醋、酒、酶类物质浸泡等。

(6)熟肉率 在屠宰后2天肌肉熟化时,取腿部肌肉1千克,放入沸水中煮120分,取出淋干称量,计算熟肉占生肉的百分比即熟肉率。

2. 牛肉的化学成分

牛肉的化学成分主要有水分、蛋白质、脂肪、碳水化合物、有机酸、矿物质色素及维生素等,不同年龄和育肥程度的牛肉的成分存在很大差异。不同育肥度牛肉的化学组成如表5-1。

表5-1 不同育肥度牛肉的化学组成

化学组成	牛的育肥度			
	下等	中等	上等	肥胖
水分(%)	74.1	68.3	61.6	58.5
蛋白质(%)	21.0	20.0	19.2	17.7
脂肪(%)	3.8	10.7	18.3	22.9
灰分(%)	1.1	1.0	0.9	0.9
每千克牛肉所含热量(焦)	5 074.5	7 586.7	10 387.3	11 938.1

(1)蛋白质 牛肉中的蛋白质主要有胶原蛋白、弹性蛋白、肌原纤维蛋白、肌浆蛋白等。肌原纤维蛋白约占肌肉的10%,为骨骼肌总蛋白质的2/3;肌浆蛋白约占肌肉的6%,含有氨基酸,属全价蛋白而且含量高,其中含量较多的氨基酸有亮氨酸11.7%、谷氨酸15.5%、精氨酸7.5%、赖氨酸7.6%。

(2)脂肪 牛肉中的脂肪主要有棕榈酸、硬脂酸、油酸、亚油酸、甘油等,在总脂肪中所占比例为18.5%、41.7%、33.0%、2.0%、4.5%,此外还有挥发酸、皂化物和微量的脂溶性维生素。

(3)碳水化合物及有机酸 牛肉中含有少量的糖原和葡萄糖,这些碳水化合物因肌肉的部位和屠宰时间的长短而异,如刚屠牢的牛肉中糖原约为0.71%,室温放约4小时后,则减至0.32%。牛肉中的有机酸主要为乳酸,为

0.04% ~0.07%,此外还有微量的肌醇。

（4）矿物质　牛肉中含有钠、钾、钙、镁、磷、氯、铁、硫等,总量为1% ~ 2%。

（5）色素及维生素　牛肉中的色素包括脂肪性胡萝卜素、胡萝卜素醇、水溶性的维生素 B_2、细胞色素和肌红蛋白等。另外,牛肉中还有一些其他的维生素如维生素 B_1、维生素 B_6、维生素 B_{12}、维生素 B_5、维生素 M 等,但含量很低,且不固定。

二、牛的屠宰与胴体分级

1. 宰前准备及送宰

（1）待宰牛的饲养与管理　待宰牛饲养与管理的重点是使牛体质恢复常态,特别是由产地到屠宰场经过长距离运输的牛群,由于颠簸疲劳、惊恐、饲喂、饮水条件的限制等,机体的某些生理过程变得迟缓或抑制,新陈代谢产物不能正常排出体外,如肌肉内乳酸增加、毛细血管充血,从而影响肉品的质量。这样的牛群需在待宰场休息两天,即使不能恢复失重,也能使牛得到充分的休息。

待宰牛到达时以及留养期间分群饲养,兽医检验人员认真及时检验,并巡回检查,确保待宰牛健康。

（2）宰前绝食　一般在宰前 24 小时对牛实施断食不断水。断食的目的在于节约饲草饲料;避免消化代谢旺盛;冲淡血液浓度;减少充盈的胃肠内容物对肉尸的污染机会,促进肝糖酯分解,补充肌糖原,改善肉的品质。

（3）宰前淋浴牛体　待宰牛在进入屠宰车间前要进行温水（20℃）淋浴,使牛放松安静利于放血;减少尘土飞扬及牛体污物污染环境和肉品。

2. 牛的屠宰

目前,在我国,牛的屠宰方法有规模化车间屠宰和手工屠宰两种。

规模化车间屠宰的步骤有:

（1）致昏　致昏的目的在于减少牛放血时的挣扎和痛苦,便于悬挂。常用的致昏方法有刺昏法（破坏延脑与脊髓的联系,造成瘫痪）、木槌振击法（造成脑震荡,使知觉中枢麻痹）、电击法（人为造成癫痫,使心跳加剧）。

（2）放血　放血方法有刺血管、刺心脏和切断三管（血管、气管、食管）。牛的体位不同,放血方法又有水平放血和倒挂垂直放血两种。以倒挂垂直刺血管放血最为卫生,而且放血彻底,利于血液的收集和随后的加工。

（3）剥皮　剥皮力求仔细,避免损伤肉尸和皮张。

（4）开膛　开膛前先切除牛尾、指趾端、牛头,再沿腹中线剖开腹腔切除内脏,保留肾脏及其周围脂肪。开膛时力求保持内脏完整,避免肠胃、膀胱、胆囊内容物污染肉尸。开膛后所剩肉尸即为胴体。

（5）劈半　沿脊椎将胴体劈成两半即为劈半,劈半以劈开椎管暴露脊髓为宜。现在在屠宰车间,劈半工作均为电动操作,避免了劈碎、劈断脊椎的现象,但要求锯直。胴体劈半后,前后分割及分块各国要求不同。

（6）胴体的切块　胴体的部位不同,肉的品质也不同。要求质量高的部位比例尽量高。胴体中以肋肉、腰肉、臀肉、大腿肉质量最好,胸、腹、小腿、肩次之,颈肉最差。

3. 牛胴体分级

我国肉牛饲养尚未形成独立的行业,还没有统一的标准,参考美国及欧共体的牛胴体分级标准。

（1）美国肉牛胴体产量等级分级标准　评定肉牛胴体等级的标准有两个,一个是产量,一个是质量。产量为胴体经修整（削脂）去骨后用于零售的后腿、腰部、肋部、肩部的比例,比例越大,产量级别就越高;质量是指牛肉的大理石花纹、多汁性、适口性、嫩度等物理特性。

美国在评定标准中规定阉牛、未育母牛的胴体分为 8 个等级,即优质、精选、良好、标准、商售、可利用、次等、制罐用。公牛酮体无质量等级。奶牛胴体无优质等级。青年公牛胴体分为 5 级,即优质、精选、良好、标准、可利用。

产量等级分级标准见表 5 - 2。

表 5 - 2　美国肉牛胴体产量等级分级标准（青年公牛）

产量等级	胴体重量（千克）	腰脂厚（厘米）	眼肌面积（厘米²）	心、肾、盆腔脂肪重量占活重比例（%）	后腿、腰、肋、肩部去骨削脂切割占胴体的比例（%）
1	227	0.76	74.2	2.5	54.6
	363	1.02	103.2	2.5	
2	227	1.27	68.4	3.5	52.3
	363	1.52	96.8	3.5	
3	227	1.78	61.3	4.0	50.0
	363	2.03	90.3	4.5	

产量等级	胴体重量（千克）	腰脂厚（厘米）	眼肌面积（厘米^2）	心、肾、盆腔脂肪重量占活重比例（%）	后腿、腰、肋、肩部去骨削脂切割占胴体的比例（%）
4	227	2.54	58.1	4.5	44.7
	363	2.79	87.1	5.0	
5	227 363	大于4级	小于4级	大于4级	45.4

注：分割肉表面一般经削脂后只留下0.5~0.7厘米厚的皮下脂肪。

产量等级的分级标准（青年公牛）以影响胴体产量的腰脂厚，眼肌面积，心脏、肾、盆腔脂肪重量3个因素判定胴体产量的初步等级。

1级，胴体表面只有肋部、腰、臀、颈部有一薄层脂肪，在胁部、阴囊处稍有脂肪，在大腿内外侧和肩肉上有一薄层脂肪，透过胴体许多部位的脂肪层能看到肌肉。

2级，胴体体表几乎完全被脂肪覆盖，腰部、肋部、大腿内侧的脂肪层较薄，肩部、颈部、大腿内外侧的脂肪层里可看到瘦肉。

3级，胴体体表完全被脂肪覆盖，腰部、肋部、大腿内侧上部覆盖着稍厚的脂肪层，臀部、髋部的脂肪层达中等厚度，胁部、阴囊处脂肪稍厚，颈部与大腿内侧下部脂肪层较薄，透过脂肪层可以看到肌肉。

4级，胴体体表完全被脂肪覆盖，只有大腿内侧下部、肋部外侧能看到肌肉，腰部、肋部、大腿内侧上部的脂肪层中等厚，臀部、髋部、颈部脂肪层较厚，肋部、阴囊处的脂肪层也较厚。

5级，胴体体表脂肪比4级更厚，透过脂肪层看不到肌肉。

在判定过程中，先依据腰脂厚度确定初步等级；接着用眼肌面积校正，眼肌面积比规定下限增加1厘米^2，产量初步等级升高0.045，反之则降低0.045个等级；最后用心、肾、盆腔等内脏脂肪量的百分率校正，内脏脂肪百分率以3.5%为基准，内脏脂肪百分率每少一个百分点，产量等级升高0.2，反之则降低0.2个等级。

（2）美国牛肉质量等级分级标准　牛肉质量等级评定的主要依据是第十二至第十三肋处眼肌上的脂肪沉积程度（大理石花纹）和牛的年龄。按眼肌上脂肪的沉积程度将牛肉分为9个等级，1级最好。按年龄所确定的牛的生理成熟度，将牛肉分为5个等级：9~30月龄为1级，30~48月龄为2级，48~

60 月龄为 3 级,超过 60 月龄为 4 级、5 级。牛肉品质的评定由牛的生理成熟度和眼肌中脂肪沉积度综合评定,用此方法将牛肉胴体分为特等、优等、良好、中等、次等、可用、等外 7 个等级,优等与良好等级肉品可占市场牛肉的 70%。

(3)欧盟肉牛胴体评定标准 欧盟肉牛胴体分级评定标准包括胴体外形评定和脂度评定两部分。

肉牛胴体外观整体结构评定共分 5 个等级:

特:整个外观特别丰满,肌肉发育特别好,后大腿及臀很圆满,背宽而很厚,与肩相平,肩很圆。

优:整个外观丰满,肌肉发育很好,后大腿及臀部丰满,背部宽而厚,肩圆。

良:整个外观平整,肌肉发育良好,后大腿及臀部发育良好,背部较厚,但肩部的宽度不够。

中:外观各部位发育中等,不够平整。

差:整个外观不平整或很不平整,肌肉发育差,后躯差,背窄可见骨,肩扁可见骨。整体不符合要求。

胴体脂肪的覆盖度分为下列 5 个等级:

1 级,胴体表面几乎无脂肪,最瘦。

2 级,脂肪覆盖少而薄,可见肌肉,胸腔内可见肋肌肉,没有脂肪沉积。

3 级,胴体表面大部分覆盖脂肪,胸腔内沉积脂肪少,仍可见肋肌肉。

4 级,胴体表面覆盖脂肪良好,臀部脂肪明显,胸腔脂肪有一定沉积。

5 级,整个胴体被脂肪覆盖,臀部完全被脂肪覆盖,胸腔脂肪沉积很多,胸腔内肋间肌肉处大量沉积脂肪。

三、牛肉的成熟

牛被屠宰后,血液循环和氧气供应停止,肌肉正常代谢中断,其内部会发生一系列变化。人们在加工牛肉的过程中了解并充分利用这些变化,可提高肉的品质。肉的成熟即为一例。

1. 尸僵

尸僵是指胴体肌肉在宰后一段时间弹性和伸展性消失,变得紧张僵硬的状态。肌肉中氧气供应中断后,肌糖原立即进行无氧分解产生乳酸,致使肌肉的 pH 下降,并伴随着能量的消耗殆尽。两种肌原蛋白构建的横桥永久形成,肌肉开始收缩,紧张度提高,延展性消失,即出现尸僵。尸僵通常发生在宰后 8 ~ 12 小时,约 20 小时后逐渐消失。尸僵开始的时间及持续的时间与年龄、环境温度、宰前生活状态、屠宰方法有关,尸僵持续时间与肌肉的保鲜时间成正比,一般环境温度越低,尸僵持续时间越长,肉的保鲜时间越长。

2. 成熟

尸僵达到一定程度后,肌原纤维中的钙离子在酸性介质的影响下送出,并引起部分肌原纤维蛋白的凝结和析出,与肌浆中的液体分离。肌原蛋白横桥崩裂,酸性介质还使肌间结缔组织的胶原吸水明胶化。肌原纤维细胞溶酶体中的组织蛋白酶活性也开始增强,使肌肉中蛋白质裂解为小分子肽、氨基酸、核苷酸,僵硬的肌肉开始变软,保水性和水化性增强,具有弹性,切面富有水分且有令人愉快的香气和口感,肉汁变清,肌肉易于煮烂和咀嚼,食用性质得到很大改善,这个过程称之为肉的成熟。

肌肉从尸僵到成熟的过程与肌糖原和温度密切相关。宰前休息不足或过于疲劳、饥饿的牛,肌糖原消耗太多,肌肉的成熟过程延缓甚至不出现,肌肉腐败过程加快或提前。温度的提升与加速肌肉成熟成正比,但以提高温度促进肉成熟的方法是不可取的,因为较高的温度也可以促进微生物的繁殖。一般的操作是采用低温成熟的方法,如温度为 0~2℃,空气相对湿度 86%~92%、空气流速 0.15~1.0 米/秒,10 天左右肌肉约 90% 成熟;温度为 3℃ 时,约需 3 天达到 90% 成熟。在生产中,多将凉肉过程和成熟过程兼并实施,在 10~15℃,2~3 天完成。肉在成熟后随即便进入自溶过程,因此成熟好的肉应立即妥善储存。

第六章　肉牛的繁殖调控技术

　　肉牛的繁殖性能对肉牛养殖业具有重要意义,母牛繁殖力决定了肉牛养殖场的整体生产水平和经济效益。缩短母牛产犊间隔和提高产犊率,不仅能够促使肉牛增值,还能够有效降低饲养成本。肉牛育种和品种改良也离不开母牛繁殖,提高母牛繁殖力能够加速牛群的选优去劣,加快育种的进度。

第一节　母牛的生殖系统

母牛的生殖系统主要包括以下组织(图6-1)。

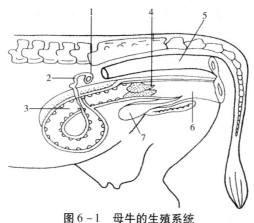

图6-1　母牛的生殖系统

1. 卵巢　2. 输卵管　3. 子宫角　4. 子宫颈　5. 直肠　6. 阴道　7. 膀胱

一、卵巢

卵巢呈椭圆形或圆形或扁平,一般2厘米×2厘米×3厘米(图6-2)。育成牛和初产牛的卵巢常位于耻骨前缘,经产牛的卵巢随着子宫角下垂。母牛卵巢的功能是分泌激素和产生卵子。卵子和周围细胞组成卵泡。在母牛发情周期,卵泡逐渐增大,发情前几天,卵泡显著增大,分泌的雌激素(主要是雌二醇,E_2)增多。发情时通常只有1个卵泡破裂,释放卵子,留在排卵点的卵泡细胞迅速增殖,在卵巢上形成另一个主要的结构叫作黄体。黄体主要分泌孕酮(又称黄体酮,P_4),维持妊娠。

图6-2　卵巢

二、输卵管

输卵管是卵子受精的部位及受精卵进入子宫的通道。两条输卵管在近卵巢的一端扩大成漏斗状结构,称为输卵管伞。输卵管伞部包围着卵巢,特别是在排卵的时候,目的是输送由卵巢排出的卵子。卵子进入输卵管,主要借助输卵管内皮细胞上纤毛的运动,沿着输卵管往下运行。卵子受精发生在输卵管的壶腹部,已受精的卵子(即合子)继续留在输卵管内3~4天。输卵管另一端与子宫角相连,接合处充当阀门的作用,通常只在发情时才让精子通过,并只允许受精后3~4天的受精卵进入子宫。这样延迟合子进入子宫的时间是必要的,因为直到发情后3~4天的子宫内环境才有助于胚胎的生存发育。

三、子宫

母牛的子宫由1个子宫体和2个子宫角组成(图6-3)。子宫是精子进入输卵管的渠道,也是胚胎发育和胚盘附着的地点。子宫是肌肉发达的器官,能充分扩张以容纳生长的胎儿,分娩后不久又迅速恢复正常大小,阔韧带把子宫悬挂在腹腔中。

子宫肌层由大量平滑肌束、血管和结缔组织组成。这些肌肉担负着胎牛娩出时所必要的子宫收缩。子宫黏膜又称子宫内膜,它含有在发情周期分泌的多种化学成分和数量不同的液体腺,另外还有几十个稍高出周围子宫内膜表面的特化区,叫作子叶,即母体子叶。在妊娠期间,子宫上皮在这里与胎膜形成胎盘。

子宫的功能:①精子通道,子宫节律性收缩,利于精子运行。②子宫液为精子获能、胚胎发育提供条件。③胎儿发育的场所。④子宫分泌物中的前列腺素(PG)可使黄体退化,启动分娩。

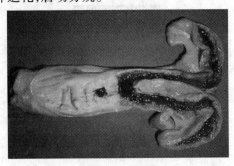

图6-3 子宫

四、子宫颈

子宫颈是子宫与阴道之间的管状结构,长5~10厘米,粗3~4厘米(图6-4)。子宫颈由子宫颈肌、致密的胶原纤维及黏膜构成,形成厚而紧的皱褶,通常情况下收缩得很紧,处于关闭状态,只有在发情周期和分娩时,环绕子宫颈的肌肉才松弛。这种结构有助于保护子宫不受阴道内有害微生物的侵入。子宫颈黏膜里的细胞分泌黏液,在发情期间活性最强,在妊娠期间形成栓塞,封锁子宫口,使子宫不与阴道相通,以防止胎儿脱出和有害微生物入侵子宫。

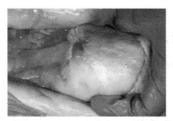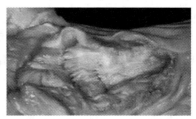

图6-4 子宫颈

五、阴道

阴道把子宫颈和阴门连接起来,是自然交配时精液注入的地方。虽然阴道黏膜有细胞分泌黏液以冲洗细菌,但仍有低度的感染风险持续存在于阴道中,可能导致阴道炎。

六、阴门

阴门位于阴道与母牛体表之间。包括前庭和尿道下憩室(阴道底上的一个盲囊)。

第二节 影响繁殖性能的因素

一、营养因素

饲草饲料成分不均衡、营养不全面、供给不适量、质量欠佳等均会影响肉牛的繁殖性能。营养水平对肉牛繁殖性能的影响有直接和间接两种:直接影响是引起性细胞发育受阻、胚胎死亡或活力降低,间接影响则是通过使生殖系统内分泌活动的紊乱而影响生殖活动。能量不足会延迟幼龄母牛的正常生长、推迟性成熟年龄,造成怀孕母牛流产或弱犊;能量过剩则会造成母牛过肥,受孕受阻,难产率增高。维生素和矿物质缺乏会造成母牛发情不规律,受胎率低,且母牛生产后疾患增多。

二、饲养管理因素

牛群的饲养管理是一项繁杂的工作,涉及面广,主要包括环境条件、生产规划、牛群结构;牛群的发情、配种、妊娠、产犊情况记录;接产保育,空怀处理、流产、难产母牛的医治,环境消毒及疫病防治,定期人员培训等,还包括日常的运动、调教,制定各种规章制度以规范各项工作等。任何疏漏或失误,均会造成牛群繁殖力下降,例如发情时间观察和记录不准确会影响到输精时间,从而直接影响受胎;妊娠检查失误或延误会增加空怀数量等。

三、精液质量及输精技术

冷冻精液质量不佳,会直接影响母牛的受孕;输精技术不佳、消毒不严、操作不规范不仅影响受孕,还易造成母牛患生殖道疾病。

四、疾病因素

无论全身性疾病还是生殖道疾病,无论普通疾病还是传染性疾病,均会直接或间接影响生殖系统,引起不发情、发情不规律、不能受孕、受孕难、流产、死胎等。例如结核病等消耗性传染病引起牛体瘦弱,不发情;子宫内膜炎会影响合子的形成及合子的着床,引起不孕。

五、自然生态环境因素

自然生态环境包括光照、温度、季节性变化等,均会以一定的刺激作用,通过生殖内分泌系统的变化反馈到生殖生理的变化,对繁殖力产生影响。例如母牛在炎热季节受胎率低,公牛睾丸附睾因温度上升等影响无法正常生成精子。

第三节　生殖激素及调控

一、生殖激素的活动与调控

母牛生殖功能调控主要依靠体液,也就是通过内分泌激素来进行,这些激素分泌和作用的部位主要有丘脑、垂体、卵巢,卵巢的功能受丘脑与垂体的调节,而卵巢分泌的激素又反作用于丘脑和垂体,形成"丘脑—垂体—卵巢"反射轴,通过相互作用达到平衡、调节卵巢功能,维持母牛的发情周期、妊娠、分娩、哺乳等。

调控生殖功能的激素有多种,主要包括促性腺激素释放激素(GnRH)、催产素(OXT)、促卵泡激素(FSH)、促黄体素(LH)、孕马血清(PMSG)、人绒毛膜促性腺激素(HCG)、孕酮、雌激素、前列腺素等。部分激素已能工厂化生产,有的激素也有了替代品,这些外源激素已广泛地应用于母牛的生殖控制。

二、几种重要生殖激素及其在繁殖上的应用

1. 促性腺激素释放激素

可刺激垂体合成和释放促黄体素、促卵泡激素,促进卵泡生长、成熟、卵泡内膜粒细胞增生并产生雌激素,刺激母牛排卵、黄体生成,促进公牛精子生成并产生雄激素。在肉牛繁殖上,主要用于诱发排卵,治疗产后不发情,还可用在同期发情工作上,输精时注射促黄体素释放激素类似物(LRH – A$_3$)200 ~ 240 微克可提高发情期受胎率。此外,还可用于治疗公牛的少精症和无精症。

2. 催产素

对经雌激素预先致敏的子宫肌有刺激作用,产后催产素的释放有助于恶露排出和子宫复旧,还可引起乳腺上皮细胞收缩,加速排乳。大剂量催产素具有溶黄体作用;小剂量催产素可增加宫缩,缩短产程,起到催产作用。催产素可用于促使死胎排出,治疗胎衣不下、子宫蓄脓和排乳不良等。人工授精前1 ~ 2 分,肌内注射或子宫内注入 5 ~ 10 国际单位催产素,可提高受胎率;临产母牛,先注射地塞米松,48 小时后按每千克体重静脉注射 5 ~ 7 微克催产素,可诱发 4 小时后分娩。

3. 促卵泡激素

与促黄体素配合,促使卵泡发育、成熟、排卵和卵泡内膜粒细胞增生并分泌雌激素;可促进公牛精细胞的生长、精子生成和雄激素的分泌。在肉牛繁殖上,可促使母牛提早发情配种,诱导泌乳期乏情母牛发情;连续使用促卵泡激素,配合促黄体素可进行超排处理;也可用于治疗卵巢机能不全、卵泡发育停滞等卵巢疾病及提高公牛精液品质。

4. 促黄体素

LH 对已被 FSH 预先作用过的卵泡有明显的促进生长作用,诱发排卵,促进黄体形成,促进精子充分成熟。在肉牛繁殖上,可诱导排卵,预防流产,也可用于治疗排卵延迟、不排卵、卵泡囊肿等卵巢疾病,并可治疗公牛性欲减退、精子浓度不足等不育疾病。

5. 孕马血清

有类似 FSH 的作用,也有 LH 的作用,促进母牛卵泡发育及排卵,促使公牛细精管发育、分化和精子生成。在肉牛繁殖上,用以催情,母牛肌内注射孕马血清 1 000 ~ 2 000 国际单位,3 ~ 5 天后可出现发情;刺激超数排卵,增加排卵率;注射孕马血清 1 000 ~ 2 000 国际单位,促进黄体消散,治疗持久黄体。

6. 人绒毛膜促性腺激素

有类似 LH 的作用,类似 FSH 的作用很少,促进卵泡发育、成熟、排卵、黄体形成,并促进孕酮、雌激素合成,同时可促进子宫生长;公牛可促进公牛睾丸发育、精子的生成,刺激睾酮和雄酮的分泌。在肉牛繁殖上,促进卵泡发育成熟和排卵,增强超排和同期排卵效果,治疗排卵延迟和不排卵;治疗卵泡囊肿和促使公牛性腺发育。

7. 孕酮

与雌激素协同促进生殖道充分发育;少量孕酮可与雌激素协同作用促使母牛发情,大量孕酮则抑制发情;维持妊娠;刺激腺管已发育的乳腺腺泡系统生长,与雌激素共同刺激和维持乳腺的发育。在肉牛繁殖上,用于诱导同期发情和超数排卵,进行妊娠诊断,治疗繁殖障碍疾病。

8. 雌激素

刺激并维持母牛生殖道的发育;刺激性中枢,使母牛出现性欲和性兴奋;使母牛发生并维持第二性征;刺激乳腺管道系统的生长;刺激垂体前叶分泌促乳素;促进骨骼对钙的吸收和骨化作用。在肉牛繁殖上,可用于催情,增加同期发情效果;排除子宫内存留物,治疗慢性子宫内膜炎。

9. 前列腺素

天然前列腺素分为3类9型,与繁殖关系密切的有PGE(前列腺素E)与PGF(前列腺素F)。前列腺素F型可溶解黄体,影响排卵,如PGF_{2a}有促进排卵作用;PGE能抑制排卵,影响输卵管的收缩,调节精子、卵子和合子的运行以有利于受精,刺激子宫平滑肌收缩,增加催产素的分泌和子宫对催产素的敏感性,提高精液品质。在肉牛繁殖上,前列腺素PGF_{2a}可用于调节发情周期,进行同期发情处理;用于人工引产;治疗持久黄体、黄体囊肿等繁殖障碍,并可用于治疗子宫疾病;可增加公牛精子的射出量,提高人工授精效果。

三、激素对母牛发情周期的调节

下丘脑释放GnRH,促使垂体分泌FSH和少量的LH,FSH到达卵巢,促进卵泡发育。卵泡分泌雌激素逐渐增多,使母牛发情。当血液中雌激素含量达到一定程度时,对下丘脑和垂体具有反作用,抑制垂体FSH的分泌,并促进LH分泌量的增加。FSH和LH成一定比例时,引起排卵。卵泡内膜形成黄体,分泌孕酮。孕酮对下丘脑和垂体有反馈作用,抑制GnRH的分泌。若未孕,黄体持续到第十五、第十六天后退化萎缩。血液中孕酮含量下降,解除了对下丘脑和垂体的抑制,GnRH的分泌量又开始增加,开始新一轮发情周期。若妊娠,胚胎阻止前列腺素的生成与溶黄体作用。

第四节　母牛发情及发情鉴定

一、母牛发情

1. 性成熟

性的成熟是一个过程,当公、母牛生长到一定年龄,生殖机能发育达到比较成熟的阶段,就会表现性行为和第二性征,最重要的是能够产生成熟的生殖细胞,母牛能受胎,公牛产生成熟精子,即称为性成熟。性成熟的主要标志是机体能够产生成熟的生殖细胞,即母牛开始第一次发情并排卵;公牛开始产生成熟精子。性成熟过程的开始阶段叫初情期。

性成熟的年龄由于牛的品种、性别、气候、营养及个体间的差异而有所不同,一般在5~10月龄出现初情。一般公牛的性成熟较母牛晚,饲养在寒冷北方的牛较饲养在温暖南方的牛性成熟晚,营养充足较营养不足的牛性成熟早。

个体之间由于先天或疾病的原因,性成熟也可能推迟。

2. 体成熟

公、母牛基本上达到生长发育完全时期,各组织器官发育完善,已具有固有的外形和较强生理功能,此时称为体成熟。

性成熟的母牛虽然已经具有繁殖后代的能力,但母牛的机体发育还未成熟,还不能参加配种,繁殖后代。只有当母牛达到体成熟时才能参加配种。一般情况下公、母牛初配年龄主要依据品种、个体发育情况和用途而确定。适宜的初配年龄为:早熟品种16~18月龄,中熟品种18~22月龄,晚熟品种22~27月龄。肉用品种适宜的配种年龄在16~18月龄,公牛的适配年龄一般在2~2.5岁。我国黄牛为晚熟品种,母牛的适配年龄为2岁,公牛的为1.5~2岁。

二、发情周期

母牛进入初情期后,每隔一段时间就会表现一次发情,这种过程在发情季节、空怀期内都会发生。发情周期通常是指从一次发情的开始到下一次发情开始的间隔时间,肉牛平均为21天,但也存在个体差异。发情周期的出现是卵巢周期性变化的结果,发情定为0天,排卵后形成黄体,黄体分泌孕激素,持续至第十六天开始萎缩。在孕激素的作用下,卵巢上的卵泡发育受到抑制,子宫内膜增生,做好胚胎着床的准备,并能接受胚胎着床。如果空怀,在发情期的第十六至第十七天,在前列腺素的作用下黄体退化,卵泡开始发育,雌激素水平升高,母牛很快开始发情,进入下一个发情周期。

根据母牛的性欲表现和相应的机体及生殖器官变化,可将发情周期分为发情前期、发情期、发情后期和间情期4个阶段。根据卵巢上卵泡的发育、成熟及排卵与黄体的形成和退化,将发情周期分为卵泡期和黄体期。卵泡期指从卵泡开始发育到排卵,相当于发情前期和发情期;而黄体期是指在卵泡破裂排卵后形成黄体,至黄体开始退化,相当于发情后期和间情期。由于卵巢的机能状态不同,母牛在各个阶段卵巢、生殖道等会发生相应的变化(表6-1、图6-5)。

表6-1 母牛发情周期的分期与相应的外在变化

阶段划分及天数	卵泡期		黄体期		卵泡期
	发情前期	发情期	发情后期	间情期	卵泡期
	18~20天	21天	2~5天	6~15天	16~17天
卵巢变化	黄体退化,卵泡发育、生长、成熟,分泌雌激素,发情结束后排卵		黄体形成、发育、分泌孕酮,无卵泡迅速发育		黄体退化,卵泡开始发育
生殖道变化	轻微充血、肿胀,腺体活动增加	充血、肿胀,子宫颈口开放,黏液流出	充血肿胀消退,子宫颈收缩,黏液少而黏稠	子宫内膜增生,间情期早期分泌旺盛	子宫内膜及腺体复旧
全身反应	无交配欲	有交配欲	无交配欲		

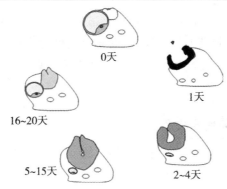

0天
1天
16~20天
5~15天
2~4天

图6-5 发情周期中卵泡变化

三、影响母牛初情及发情的因素

1. 品种

不同品种的肉牛,初情及发情时间不同。大型牛初情期一般比小型牛晚,国内的地方品种初情期较国外品种早。

2. 环境因素

湿度、温度、光照等自然环境不同,初情期和发情时间不同,如南方湿热、光照时间长,初情期较北方早,发情持续时间短。

3. 营养水平

营养水平是影响肉牛发情表现和初情期的重要因素。在饲养条件优越的情况下,肉牛生长发育快,达到初情期的体重所需要的时间短,所以初情期较早。相反,在饲养条件较差的情况下,肉牛生长发育缓慢,达到初情期的体重所需的时间长,所以初情期较晚。

4. 饲养管理

母牛的产后发情时间取决于管理措施:①肉牛产前饲喂低能量饲料、产后饲喂高能量饲料可以缩短第一次发情间隔。②早断奶可以使肉牛提前发情。

5. 疾病因素

有时一些器官,尤其是性腺的病变如黄体囊肿等会通过激素的变化影响发情。

四、适配年龄

母牛性成熟期配种虽然能够受胎,但身体尚未完全发育成熟,势必影响胎儿的生长发育及新生犊牛的成活,所以在实际生产中一般选择在性成熟后一定时期才开始配种。适配年龄又称配种适龄,是指适宜配种的年龄。除上述影响初情期和性成熟期的因素外,适配年龄的确定还应根据个体生长发育情况和使用目的而定。适配年龄一般比性成熟晚一些,母牛开始配种时的体重应不低于其群体成年体重的70%。

五、母牛的发情鉴定

牛是四季发情的家畜,发情鉴定的目的是及时发现母牛发情,合理安排配种时间,防止误配、漏配,提高受胎率。

1. 母牛发情的特点

牛发情周期中,休情期长而发情期短。牛从一次排卵到下次排卵的间隔时间(发情周期)平均为21天,和马、猪、山羊差不多,但牛的发情期最短,一般为11~18小时。这给发情鉴定带来困难,稍不注意,就会错过配种时间。

牛对雌激素最为敏感。当牛有发情的表现时,卵巢上的卵泡体积很小,在有发情表现的初期,卵泡小得不易从直肠中被触摸到。给牛注射少量的雌激素即能引起发情表现,也说明牛对雌激素是很敏感的。由于牛对雌激素敏感,发情时的精神状态和行为表现都比马、羊、猪强烈、明显,这就为鉴定发情提供了方便。

牛的卵泡发育时间短,过程快。牛的卵泡从出现到排卵历时30小时左右,所经历的时间比母马卵泡发育过程中的一个发育阶段还要短。过去人为划分的牛卵泡发育阶段,在检查间隔时间稍长时,往往不能摸到其中的某一阶段,所以直肠检查发情状态的重要性远不如马、驴的大。

排卵置后。马、驴、羊、猪等家畜在没有排卵时,卵泡中还有大量的雌激素分泌,雌激素可使发情的精神、行为表现到排卵,雌激素水平降低之后才消失,牛却不然。牛的排卵发生在发情的精神表现结束后约 16 小时,这是由于牛的性中枢对雌激素的反应很敏感,在敏感反应之后接着进入不应期。在牛性中枢进入不应期后,即使血液中有大量雌激素流到性中枢,性中枢对雌激素已不起反应。牛的这一特点给发情后期的自然交配带来困难(拒绝交配),也给人工授精带来不便(输精时不安静,不利于操作)。

母牛排卵后有从阴门排出血迹表现。发情时,血液中雌激素的分泌量增多,使母牛子宫黏膜内的微血管增生。进入黄体期后,血液中雌激素的浓度急剧降低,引起血细胞外渗,所以母牛的发情结束后 1~3 天,特别是第二天,可以从外阴部看到排出混有血迹的黏液。后备牛中有 80%~90% 会出现这种情况,经产牛有 45%~65% 会出现这种情况。

产后发情晚,不能热配。马、驴可在产后 10 天左右发情配种,俗称热配,牛则不行。牛产后第一次发情的时间大部分在 32~61 天。研究牛产后子宫复旧的资料证明,牛产后子宫恢复正常的天数是 26.2 天,有成熟卵泡发育的时间为 28.2 天,第一次排卵在 40.7 天。高产奶牛产后子宫恢复的时间要延长,第一次发情的时间拖后。

2. 发情鉴定

(1)外部观察法

1)看神色　母牛发情时,由于性腺内分泌的刺激,生殖器官及身体会发生一系列有规律的变化,出现许多行为变化,工作中根据这些变化即可判断母牛的发情进程。母牛发情时精神兴奋不安,不喜躺卧;散放时常游走、哞叫、抬尾、眼神和听觉敏锐,对公牛的叫声尤为敏感,食欲减退,排便次数增多;拴系时,兴奋不安,在系留桩周围转动,企图挣脱,拱背吼叫,或举头张望。

2)看爬跨　在散放牛群中,发情牛常爬其他母牛或接受其他牛的爬跨。开始发情时,对其他牛的爬跨往往不太接受。随着发情的进展,有较多的母牛跟随,嗅闻其外阴部,发情牛由不接受其他牛的爬跨转为开始接受,以至于静立接受爬跨,或强烈地爬跨其他牛,并做交配的抽动姿势。发情高潮过后,发情母牛对其他母牛的爬跨开始感到厌倦,不太愿意接受。发情结束时,拒绝爬跨。

3）看外阴 母牛发情开始时，阴门稍出现肿胀，表皮的细小皱纹消失、展平。随着发情的进展，进一步表现肿胀、潮红，原有的大皱纹也消失、展平。发情高潮过后，阴门肿胀及潮红现象，又表现退行性变化。发情结束后，外阴部的红肿现象仍未消失，至排卵后才恢复正常。

4）看黏液 母牛发情时从阴门排出的黏液量大且呈粗线状。在发情过程中，黏液的变化特点：开始时量少、稀薄、透明，继而量多、黏性强、潴留在阴道的子宫颈口周围，发情旺盛时，排出的黏液牵缕性强，粗如拇指；发情高潮过后，流出的透明黏液中混有乳白丝状物，黏性减退，牵拉之后成丝；随着发情将近结束，黏液变为半透明状，其中夹有不均匀的乳白色黏液；最后黏液变为乳白色，好像炼乳一样，量少。

发情母牛躺卧时，阴道的角度呈前高后低状，潴留在阴道里的黏液容易排出积在地面上。有经验的配种员发现这一现象，即可判定该牛发情，再结合上述4个方面，可以综合判定发情的程度。还有配种员常以鞋掌的前部踩住排在地面上的黏液，脚跟着地，脚尖翘起，如果黏液拉不起丝则配种时间尚早；如能拉起丝则为配种适宜期。此外，还可取黏液少许夹于拇指和食指之间，张开两指，距离10厘米，有丝出现，反复张闭7~8次不断者为配种适宜期；张闭8次以上仍不断者则适配时间尚早；张闭3~5次丝断者则适配时间已过。

（2）阴道检查法

1）直接观察 发情早期，母牛子宫颈口轻微充血肿胀，开口增大，黏液透明，有黏性。发情盛期，子宫颈明显肿胀发亮，发红，子宫颈口开口大，黏液多，透明，黏性大。发情后期，黏液混杂乳白色丝状物，黏性减退，量减少，渐渐变成乳白色，子宫颈充血，肿胀减退，直至消失。

2）酸碱度 碱性越大，黏液黏度越强。

（3）直肠检查法 一般正常发情的母牛，外部表现比较明显，用外部观察法就可判断牛是否发情和发情的阶段，直肠检查法则是更为直接地检查卵泡的发育情况，判定适配时机，在生产实践中也被广泛采用。检查方法：检查者把手臂伸入母牛直肠内，隔着直肠壁触摸卵巢上卵泡判断发育的情况。直肠检查前先将牛保定好，检查者剪短指甲并磨光，将衣袖挽至肩关节处，戴上消毒好的长臂手套并涂植物油等润滑剂滑润，牛的肛门周围清洗干净并涂以滑润剂，抚摸肛门，使牛安静。检查者将拇指放于掌心，其余四指并拢集聚呈圆锥状，稍旋转前伸即可通过肛门插入直肠。手臂伸入肛门后，排出宿粪，然后检查卵巢和子宫的状态。

肉牛提质增效健康养殖关键技术

母牛发情时,卵泡形状圆而光滑,发育最大的直径为 1.8~2.2 厘米。实际上,卵泡大部分埋于卵巢中,它的直径比所接触的要大。在排卵前 6~12 小时,由于卵泡液的增加,卵巢的体积也有所增大。卵泡破裂前,质地柔软,波动明显;排卵后,原卵泡处有不光滑的小凹陷,以后就形成黄体。母牛在发情时,可以触摸到突出于卵巢表面并有波动的卵泡。排卵后,卵泡壁呈一个小凹陷。在黄体形成后,可以摸到稍突出于卵巢表面、质地较硬的黄体。

　　3. 常见的异常发情

　　母牛发情受许多因素影响,如营养、管理、激素调节、疾病等,当某些因素造成发情超出了正常规律,就会出现异常发情。常见的异常发情有以下几种。

　　(1)隐性发情　又称暗发情或安静发情。这种发情表现为性兴奋缺乏、性欲不明显或发情持续时间短,但卵巢上卵泡能发育成熟而排卵。多见于产后母牛、高产母牛和年老体弱母牛。主要原因是生殖激素分泌不足、营养不良或泌乳量高引起的机体过分消耗。此外,寒冷的冬季或雨季长,舍饲的母牛缺乏运动和光照,都会增加母牛隐性发情的比例。

　　(2)假发情　指母牛只有外部发情表现,而无卵泡发育和排卵。假发情有两种:母牛在怀孕 3 个月以后,出现爬跨其他牛或接受其他牛的爬跨,而在阴道检查时发现子宫颈口不开张,无充血和松弛表现,阴道黏膜苍白干燥,无发情分泌物;直肠检查时能摸到子宫增大和有胎儿等特征,有人把它称为"妊娠过半"或"胎喜",其原因是妊娠黄体分泌孕酮不足,而胎盘或卵巢上较大卵泡分泌的雌激素过多。患有卵巢机能失调或子宫内膜炎的母牛也常出现假发情。其特点是卵巢内没有卵泡发育生长,即使有卵泡生长也不可能变成熟排出。因此,假发情母牛不能进行配种,否则,会造成妊娠母牛流产。

　　(3)持续发情　正常母牛发情时间很短,而有的母牛发情持续时间特别长,2~3 天发情不止。主要原因是卵泡发育不规律,生殖激素分泌紊乱所造成。常发情多表现以下两种情况。

　　第一种,卵泡囊肿的母牛虽有明显的发情表现,卵巢也有卵泡发育,但卵泡迟迟不成熟,不排卵,而且继续增生、肿大而使母牛持续发情。

　　第二种,一侧卵泡开始发育,产生的雌激素促使母牛发情,同时在另一侧卵巢又有卵泡开始发育,前一卵泡发育中断,后一卵泡继续发育,由于前后两个卵泡交替产生雌激素,使母牛持续发情。

　　(4)不发情　即母牛无发情的表现,也不排卵。这种现象多发生在寒冷的季节或出现在营养不良、患卵巢或子宫疾病的母牛,产奶量高又处在泌乳高峰期的母牛身上。不发情是由于卵巢萎缩、持久黄体或卵巢处于静止状态等原因所致。

第五节　配种与人工授精

一、肉牛的排卵

肉牛的排卵时间因品种而异,一般发生在发情结束后 10～12 小时,黄牛集中在 11～18 小时。卵子保持受精能力的时间是 12～18 小时,78% 的肉牛在夜间排卵,半数以上在 4:00～8:00 排卵,20% 在 14:00～21:00 排卵,正确掌握母牛的排卵时间是提高牛受胎率的重要手段。

二、肉牛的配种

1. 配种的时间

母牛初配的年龄指母牛第一次接受配种的年龄。母牛达到性成熟时,虽然生殖器官已经完全具备了正常的繁殖能力,但身体的生长尚未完成,骨骼、肌肉、内脏各器官仍处于快速生长阶段,还不能满足孕育胎畜的需求,如过早配种不仅会影响母牛自身的正常发育,还会影响幼犊的健康和母牛以后的生产性能。母牛初配必须达到体成熟。母牛的体成熟年龄是饲养管理水平、气候、营养等综合因素作用的结果,但更重要的因素是其自身的生长发育情况。一般情况下,母牛体成熟年龄比性成熟晚 4～7 个月,体重要达到成年母牛体重的 70% 左右,体重未达到要求时可以适当推迟初配年龄,相反可以适当提前初配。我国黄牛的初配年龄为 14～16 月龄。

2. 母牛的产后配种

母牛产后一般有 30～60 天的休情期,产后第一次发情的时间受牛的品种、子宫复旧情况、产犊前后饲养水平的影响,产后配种时间取决于子宫形态与机能恢复情况和饲养水平。配种过早,受孕率较低,还会有疾病隐患;配种过晚,会延长产犊间隔,降低了经济效益。根据牛一年一犊的生殖生理特点和产后母牛的生理状态,产后 60～90 天(休情后的第一至第三个情期)配种较为适宜,且受孕率较高。

3. 公牛的初配年龄

公牛的初配年龄与母牛相似,与性成熟年龄也有一定间隔,但公牛在雄性激素的作用下,生殖器官及身体生长更加迅速,在饲养水平较好情况下,12～14月龄即可采精。

4. 配种的时机

母牛的排卵一般发生在发情结束后 10～12 小时,卵子保持受精能力的时间为 12～18 小时,精子保持受精能力的时间是 28～50 小时,且精子在母牛生殖道内还需 4～6 小时后才能与卵子结合形成合子并到达输卵管壶腹部。综合以上几点,适宜的输精时间是排卵前的 6～12 小时。在实际工作中,输精在发情母牛安静接受其他牛爬跨后 12～18 小时进行,清晨或上午发现发情,下午或晚上输一次精;下午或晚上发情的,第二天清晨或上午输一次精。只要正确掌握母牛的发情和排卵时间,输一次精即可,效果并不比输两次精差,但有时受个体、年龄、季节、气候的影响,发情持续时间较长或直肠检查确诊排卵延迟时需进行第二次输精,第二次输精应在第一次输精后 8～10 小时进行。

实践中还有很多判断输精配种时机的方法。例如:在发情末期,母牛拒绝爬跨时适宜输精。阴道流出的黏液由稀薄透明转为黏稠混浊且黏度增大,用食指与拇指夹住并张闭 7～8 次不断时,适宜输精。直肠检查,卵泡在 1.5 厘米以上,泡壁薄且波动明显时适宜输精。

三、肉牛的人工授精

牛的人工授精技术是 20 世纪应用较为成功的繁殖技术,对推广优良种牛,挖掘优良种牛的繁殖潜力,加快品种改良的速度,普遍提高牛的生产性能,节省公牛饲养管理费用,防止通过自然交配传播疾病等方面都具有非常重要的价值。肉牛的人工授精程序如下。

1. 冷冻精液的保存

冷冻精液的包装上须标明公牛品种、牛号、精液的生产日期、精子活力及数量,再按照公牛品种及牛号将冷冻精液分装在液氮罐提桶内,浸入固定的液氮罐内储存。

定期添加液氮,正确放置提桶,不使罐内储存的颗粒或细管冷冻精液暴露在液氮面之上,且液氮容量不得少于容器的 2/3。

提取冷冻精液时,提桶不得超出液氮罐口,必须置于罐颈之下,用电筒照看清楚之后用镊子夹取精液,动作要准确、快捷。精液每次脱离液氮的时间不得超过 5 秒。

储存精液的液氮罐应放置在干燥、凉爽、通风和安全的专用室内,水平放置,不倾斜,还要经常检查盖子是否泄漏氮气。

2. 冷冻精液的解冻

由于冷冻保护液不同,冷冻精液的解冻方法也有差别。颗粒冻精解冻的稀释液要另配,细管冷冻精液不需要解冻稀释液。

第一,颗粒精液的解冻常用的解冻稀释液有加维生素 B_{12}(0.5 毫克/毫升)的 2.9% 柠檬酸溶液、葡柠液(葡萄糖 3%、二水柠檬酸钠 1.4%)。各种解冻液均可分装于玻璃安瓿中,经灭菌后长期备用。

解冻时,先取 1~1.5 毫升解冻液放入灭菌小试管,再浸入 40℃ 热水中,2~3 分后,投入 1~2 粒冻精颗粒,待精液溶化 1/3~1/2 时,取出试管,在常温下轻轻摇动至完全解冻,检查评定精子活力,然后进行输精。

第二,细管精液解冻时,从液氮罐取出 1 支细管冷冻精液,立即投入 40℃ 热水中,待精液基本溶化时(15 秒),用灭菌小剪剪去细管的封口端,装入细管输精器中进行输精。细管精液品质检查,可按批抽样评定,不需每支精液均做检查,否则会减少每份精液的输精量及输入精子数。

精液解冻时必须保持所要求的温度,严防在操作过程中温度出现波动;冷冻精液解冻后不宜存放时间过长,应在 1 小时内完成输精。

3. 输精前的准备

(1)输精器材的准备　输精器材应事先消毒,并确保一头牛一支输精管。玻璃或金属输精器可用蒸汽或高温干燥消毒;输精胶管因不宜高温,可用酒精或蒸汽消毒。

(2)母牛的准备　将接受输精的母牛固定在保定栏内,尾巴固定于一侧,用 0.1% 新洁尔灭溶液清洗消毒外阴部。

(3)输精操作人员的准备　输精员要身着工作服,指甲需剪短磨光,戴一次性直肠检查手套。

(4)精液的准备　输精前应先进行精子活力检查,合乎输精标准才能应用。颗粒冻精解冻后,用输精器吸取,塑料细管精液解冻后装入金属输精器。

4. 输精

目前都采用直肠把握输精法,也叫深部输精法。该法具有用具简单、操作安全、输精部位深、受胎率高的优点。在输精实践中会遇到许多问题,必须掌握正确方法。操作者左手呈楔形插入母牛直肠,排除母牛蓄粪,然后消毒外阴部。左手再次进入直肠,触摸子宫、卵巢、子宫颈的位置,摸清子宫颈后,手心向右下握住宫颈,无名指平行握在子宫颈外口周围,把子宫颈握在手中。应当注意左手握得不能太靠前,否则会使颈口游离下垂,造成输精器不易插入颈口。右手持输精器,向左手心中深插,即可进入子宫颈外口,然后多处转换方向向前探插,同时用左手将子宫颈前段稍做抬高,并向输精器上套。如图6-6所示,输精器通过子宫颈管内的硬皱襞后,会感到畅通无阻,即抵达子宫体处,手指能很清楚地触摸到输精器的前段。确认输精器已进入子宫体后,应向后抽退一点,以避免子宫壁堵塞住输精器尖端出口,然后缓慢地将精液注入,再轻轻地抽出输精器。

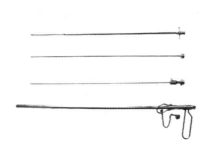

输精枪

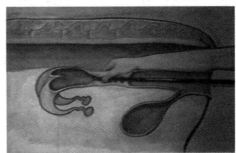

直肠把握输精法手势

图6-6 直肠把握输精法

输精操作时动作要谨慎、轻柔,防止损伤子宫颈和子宫体。若母牛努责过甚,可采用喂给饲草、捏腰、遮盖眼睛、按摩阴蒂等方法使之缓解。若母牛直肠呈罐状(形成空洞)时,可用手臂在直肠中前后抽动以促使其松弛。

关于输精的部位,有学者认为子宫颈深部、子宫体、子宫角等不同部位输精的情期受胎率没有显著差别,也有学者认为将大部分精液输到子宫右角基部可获得较高的情期受胎率(72%以上)。经验证,后者对提高牛受胎率有积极意义,但是输精部位过深易引起子宫损伤。

5. 输精量与有效精子数

输精量与输入的有效精子数因精液的类型不同而不同,液态精液一般输1~2毫升,有效精子数为2 000万~5 000万个;冻精一般输0.1~0.2毫升,有效精子数为1 000万~2 000万个。要获得良好的受胎效果,与有效精子数及授精部位有关,浅部(子宫颈口)授精,需要精子数多些(易发生精液倒流),最少需1亿个,子宫体内受精只需500万个即可。

第六节 肉牛高效繁殖技术

工厂化繁殖技术示范,即利用直肠把握法对基础母牛群的繁殖状况进行摸底,然后利用"同期发情一定时授精技术"对牛群进行处理,实现了未孕母牛同步发情、同步受孕和同步分娩的工厂化管理。

一、直肠检查,确认卵巢和子宫的状态

未怀孕的母牛,子宫卵巢均位于骨盆腔内,两个子宫角大小相等,形状相似,弯曲如绵羊角状,角间沟清楚明显。触诊子宫有弹性,子宫角有收缩反应。卵巢上无妊娠黄体。已怀孕的母牛子宫角间沟清楚,柔软而壁薄,绵羊角状弯曲不明显;触诊子宫角不收缩,内有液体波动;孕侧卵巢上有妊娠黄体突出于表面。

通过卵巢和子宫直肠触诊检查,记录两侧卵泡的位置、卵泡发育情况、子宫分级等情况。挑选出来未怀孕的母牛分群饲养,根据检查结果进行清宫处理,然后做同期发情处理。

二、同期发情

同期发情是使母牛群在一个短时间内集中统一发情,并能正常排卵、受精的繁殖技术。同期发情有助于集中授精配种,提高人工授精效率;集中分娩,便于仔畜集中管理。

同期发情的处理方法见图6-7:

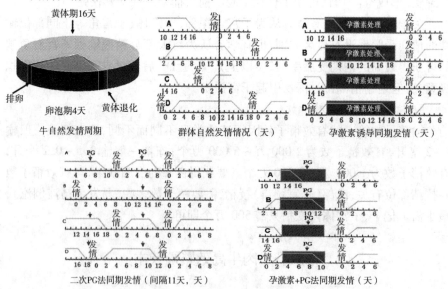

图6-7 同期发情示意图

建议用药程序:①第一天,肌内注射 GnRH 和 P_4(普罗,长效黄体酮注射液);第八天,肌内注射 PG 和长效 FSH;第十天,肌内注射 GnRH,之后的 16～18 小时,定时输精,配种时肌内注射 GnRH 或 A_3。②第一天,肌内注射 PG;第十四天,肌内注射 PG 和长效 FSH 之后观察发情,并配种。配种时肌内注射 GnRH 或 A_3。③注射用戈那瑞林(宁波第二激素厂),粉末状,100 微克/瓶,现用现配,使用前用 4 毫升生理盐水稀释。氯前列烯醇钠注射液(PG,宁波三生生物科技有限公司),2 毫升/支,含氯前列烯醇 0.2 毫克。同期发情的定时输精程序如表 6-2 所示,在发情周期的任意一天,肌内注射戈那瑞林 100 微克/头,记为第零天,第七天肌内注射 PG 4 毫升/头,第九天再肌内注射戈那瑞林 100 微克/头,第十天人工授精,整个过程不用观察发情情况。

表 6-2　同期发情定时输精程序

处理时间 处理	药品	剂量	时间
0 天	戈那瑞林	100 微克	18:00
7 天	PG	4 毫升	18:00
9 天	戈那瑞林	100 微克	18:00
10 天	人工授精		9:00

三、人工授精

人工授精是利用器械采集雄性动物的精液,检查处理后用器械将精液输入到发情雌性动物生殖道内,代替自然交配繁殖后代的一种技术。人工授精技术能够充分发挥优良种公牛的种用价值和配种效能,提高母牛的受胎率,防止疾病特别是传染病的传播,克服杂交改良时由于公、母牛体重差异悬殊造成的配种困难。采取冷冻精液技术,精液可以长期保存,使人工授精可以不受时间和地区的限制,同时也加快了育种工作步伐。

第七章 肉牛常见疾病防治

在牛场生产中应坚持"防病重于治病"的方针,防止肉牛疾病发生,特别是传染病、代谢病,使肉牛更好地发挥生产性能,提高养牛业的经济效益。在日常管理中,主要通过牛的放牧情况、休息情况、粪便形态、毛色、反刍情况以及体温、呼吸、心跳等综合判断牛的健康状况。

第一节　肉牛场的卫生防疫

一、传染病和寄生虫病的防疫工作

1. 日常的预防措施

肉牛场应将生产区与生活区分开。生产区门口应设置消毒池和消毒室（内设紫外线灯等消毒设施），消毒池内应常年保持2%~4%氢氧化钠溶液等消毒药。

严格控制非生产人员进入生产区，必须进入时应更换工作服及鞋帽，经消毒室消毒后才能进入。

生产区不准解剖尸体，不准养狗、猪及其他畜禽，定期灭蚊蝇。

肉牛繁殖场每年春、秋季各进行一次结核病、布鲁氏菌病、副结核病的检疫。检出阳性或有可疑反应的牛要及时按规定处置。检疫结束后，要及时对牛舍内外及用具等彻底进行一次消毒。

每年春、秋季各进行一次体表寄生虫的检查；6~9月，焦虫病、吸虫病流行区要定期检查并做好灭蜱、螺工作；10月对牛群进行一次肝片吸虫等的预防驱虫工作；春季对犊牛群进行球虫的普查和驱虫工作。

新引进的牛必须有相关单位的检疫证明书，并严格执行隔离检疫制度，确认健康后方可入群。

饲养人员每年应至少进行一次体格检查，如发现患有危害人、牛的传染病者，应及时调离，以防传染。

2. 发生疫情时的紧急防治措施

应立即组成防疫小组，尽快做出确切诊断，迅速向有关上级部门报告疫情。

迅速隔离病牛，对危害较重的传染病区应及时划区封锁，建立封锁带，出入人员和车辆要严格消毒，同时严格对污染环境进行消毒。解除封锁的条件是在最后一头病牛痊愈或屠宰后两个潜伏期内再无新病例出现，经过全面大消毒，报上级主管部门批准，方可解除封锁。

对病牛及封锁区内的牛实行合理的综合防治措施，包括疫苗的紧急接种、抗生素疗法、高免血清的特异性疗法、化学疗法、增强体质和生理机能的辅助疗法等。

病死牛尸体要严格按照防疫条例进行处置。

二、代谢病的监控工作

在肉牛繁育场特别是肉乳兼用牛的繁育场,由于肉牛生产的集约化和高标准饲养及定向选育的发展,提高了肉牛的生产性能和饲养场的经济效益,推动了营养代谢问题研究的进展,但若饲养管理条件和技术稍有疏忽,就不可避免地导致营养代谢疾病的发生,严重影响肉牛的健康,因此必须重视肉牛代谢病的监控工作。

代谢抽样试验:每季度随机抽30~50头肉牛血样,测定血钙、血磷、血糖、血红蛋白等一系列生化指标,以观测牛群的代谢状况。

尿pH和酮体的测定:产前1周至分娩后2个月内,隔天测定尿pH和酮体一次,对测出阳性或可疑的牛及时治疗,并注意牛群状况。

调整日粮配方,定时测定平衡日粮中各种营养物质含量。对消瘦、体弱的肉牛,要及时调整日粮配方,增加营养,以预防相关疾病的发生。

三、乳房、蹄部的卫生保健

保持牛舍、牛床、运动场、牛体及乳房的清洁,牛舍、牛床及运动场还应保持平整、干燥、无污物(如砖块、石头、炉渣、废弃塑料袋等)。

每年春、秋季各检查和整蹄一次,对患有蹄病的牛要及时治疗。蹄病高发季节,应每周用5%硫酸铜溶液喷洒蹄部2次,以减少蹄病的发生,对蹄病高发牛群要关注整个牛群状况。

禁用有蹄病遗传缺陷的公牛精液进行配种。

定期检测各类饲料成分,经常检查、调整、平衡肉牛日粮的营养,特别是蹄病发生率达15%以上时。

第二节　常见传染病

一、口蹄疫

口蹄疫为偶蹄动物的一种急性、热性、高度接触性传染病。该病特征是发热,口腔黏膜、蹄部和乳房皮肤发生水疱和溃烂。该病一旦发生,流行很快,使牛的生产性能降低,在经济上造成很大损失。该病还可以传染人,应引起高度重视。口蹄疫目前被列为烈性传染病,一旦发现必须杀封锁区内所有病牛和可疑病牛。动物感染该病将导致其生产性能下降约25%,由此而带来的贸易限制和卫生处理等费用更难以估算。

1. 病原

口蹄疫的病原体为口蹄疫病毒。此病毒易发生变异,根据病毒的血清学特性,目前已知的口蹄疫病毒有 A 型、O 型、C 型、南非 1 型、南非 2 型、南非 3 型和亚洲 1 型等 7 个类型,各型中又有很多亚型。各型间抗原性不同,没有交叉免疫性,同型的亚型间有部分交叉免疫性。

病毒主要存在于病牛的水疱皮内及淋巴液中,在水疱期发展过程中,病毒进入血液,分布到全身各种组织和体液中,发热期血液中含病毒量最高,退热后乳、粪、尿、口涎、眼泪等分泌物中都会有一定量的病毒。

病毒对外界环境的抵抗力很强,生存时间与含毒材料、病毒浓度及环境状况密切相关。病毒在土壤中可存活 1 个月,在干草上可生存 104～108 天,在牛毛上毒力可保持数周。低温不会使毒力减弱,在冰冻情况下,肉中的病毒可存活 30～40 天。在 5℃ 条件下,病毒在 50% 甘油生理盐水中能保存 400～700 天。高温和阳光可杀死病毒。在 60℃ 条件下经 30 分、120℃ 条件下经 3 分即可杀死病毒。酒精、苯酚、煤酚皂溶液(来苏儿)等消毒药对病毒的杀灭能力微弱。2% 的福尔马林和 2% 的氢氧化钠溶液对该病毒具有的较强的杀灭作用。

2. 流行病学

肉牛对口蹄疫病毒具易感性,病牛是该病的传染源,其分泌物、排泄物及畜产品如乳、肉皆含有病毒。口蹄疫病毒的传染性很强,一经发生常呈流行性,传播方式既有蔓延式的,也有跳跃式的。

该病的传染方式有直接感染,如病牛与健康牛接触,受水疱液传播;也有间接传播,即通过各种媒介物,如牛的唾液、粪、尿、乳、呼出的气体等能将病毒传播。其传播途径主要是消化道,也可经黏膜、乳头及受损伤皮肤和呼吸道感染。

乳肉牛多在冬、春两季发病,一般从 11 月开始,第二年 2 月截止。育成牛、成年牛发病较多,犊牛发病较少。

3. 症状

潜伏期为 2～4 天,最长达 7 天。发病初期,病牛的体温升高到 40～41℃,精神委顿,食欲降低。1～2 天后流涎,涎呈丝状垂于口角两旁,采食困难。口腔检查,发现舌面、齿龈处有大小不等的水泡和边缘整齐的粉红色溃疡面。水泡破裂后,体温降至正常。

乳头及乳房皮肤上发生水泡,初期水泡清亮,以后变混浊,并很快破溃,留下溃烂面,有时感染继发乳腺炎。蹄部水泡多发生于蹄冠和蹄叉间沟的柔软皮肤上,若被泥土、粪便污染,患部会继发感染化脓,走路跛行。严重者,可引起蹄甲脱落。

该病一般为良性,死亡率低,仅为1%~2%。口腔发病,约经1周时间可痊愈。蹄部出现病变时,病程较长,可达2~3周。但如果水泡破溃后继发细菌感染,糜烂加深,则病程延长或恶化。也有在恢复期病情突然恶化的病牛,表现为全身虚弱,肌肉颤抖,心跳加快、节律不齐,反刍停止,站立不稳,最后因心肌麻痹而死亡。恶性口蹄疫是由于病毒侵害心肌所致,死亡率高达20%~50%。

犊牛发病后死亡率很高,主要表现为出血性肠炎和心肌麻痹。

4. 诊断

根据流行季节和牛的口腔、蹄、乳房皮肤上的特征性病变,可以初步做出诊断,但应与牛瘟、传染性口炎相区别。

与牛瘟的区别:牛瘟是牛瘟病毒引起的,只感染牛,无水泡发生,溃疡面不规则,乳头、蹄部无病变。牛瘟还伴发胃肠炎,腹泻。口蹄疫水泡和溃疡在牛乳房、口腔、蹄部均有发生,溃烂面较规则,边缘平整,易愈合。

与传染性口炎的区别:传染性口炎,除牛、猪外,马、驴等单蹄兽也能感染,流行范围小,发病率低,必要时可进行动物实验加以区别。

诊断时,还应考虑到口蹄疫病毒具有多型性的特点。

5. 治疗

此病目前尚无特效疗法。发生口蹄疫时应严格隔离,加强护理,给予优质的饲料(如玉米粥、麸皮粥等),搞好环境卫生,对症治疗,防止继发感染。

对口腔的处理:常用0.1%高锰酸钾或1%十二水硫酸铝钾(明矾)或2%乙酸溶液冲洗口腔,每天2~3次;冲洗后可涂抹下列药物之一:3%甲紫、碘甘油、冰硼散、青黛散。

对蹄部的处理:先用10%硫酸铜溶液或3%来苏儿水彻底洗净患蹄,然后涂10%碘酊或松馏油。如果病变严重,可打蹄绷带,每隔2天处理1次。

蹄部药浴:制作长1.5~2米、宽1~1.5米、高20~25厘米的临时浴池,内盛1%福尔马林液或10%硫酸铜,每天使病牛通过浴池1~2次,连续

5～6天。

对乳房的处理:用0.1%高锰酸钾液或1%～2%来苏儿水,清洗患部乳区,待挤完乳后,可涂抹10%磺胺膏或抗生素软膏或3%甲紫。

对体温升高、食欲废绝的病牛,为防止其继发感染,可用抗生素、磺胺等药物治疗。

高免疫血清有较好的疗效。病情严重紧急时,可考虑使用痊愈牛血或血清,但使用前应做安全试验。

6. 预防

(1)注射疫苗 牛O型口蹄疫灭活疫苗免疫持续期为6个月。成年牛肌内注射3毫升,1岁以下犊牛肌内注射2毫升。本品应防止冻结。在4～8℃条件下储存,有效期为10个月。

(2)发病牛场处理 发生口蹄疫的牛场,首先应将疫情上报有关单位,同时采取紧急措施。

(3)隔离病牛 对牛场内所有的牛要及时细致地检查,将病牛尽早从牛群中挑出,集中在一僻静地方隔离饲养,严禁与健康牛群接触。

(4)封锁病牛场 病牛场内的饲养员、车辆及一切用具都应固定,不得出场。严禁外来人员与车辆入场。

(5)严格消毒 食槽每天都要用清水洗刷,每隔3～4天消毒1次。运动场、牛舍内的地面,每隔5～7天消毒1次,消毒液为2%氢氧化钠溶液。污水及消毒液应集中处理。牛场大门及交通要道要有专人看管,并设有消毒池,必须出入的人员或车辆都必须经消毒池消毒。各牛舍门口也要设有消毒池。场内的工作人员不能随意走动,上下班时要洗手,并用1%来苏儿水消毒;上下班服装要严格控制,不能混穿,还要做必要的消毒。病牛所产乳均应用消毒剂充分消毒后废弃。病牛场内其他牛所产的乳应集中起来,做高温处理。

未发病的牛场坚持严格的消毒和防疫制度,严禁与病牛场的人、物、牛接触,定期注射口蹄疫疫苗。

二、结核病

结核病为分布较广的人畜共患慢性传染病,主要侵害肺脏、消化道、淋巴结、乳房等,在多种组织形成肉芽肿(结核性结节、脓疡)干酪化和钙化病灶。

1. 病原

结核病的病原体是结核分枝杆菌。结核菌有人型、牛型、禽型,牛型与人型可以交叉感染。结核菌对环境的抵抗力强。在干燥环境中,病菌可存活6~8个月,在牛奶中可存活9~10天。此病菌耐干热,在100℃干热条件下,经10~15分才能被杀死。但不耐湿热,65℃经15分、85℃经2分、100℃经1分即可被杀死,故牛奶及其他乳品采用巴氏消毒法即可杀灭该菌。该菌对普通化学消毒剂、酸、碱等有一定的抵抗力,约经4小时才可被杀灭,70%酒精和10%漂白粉有很强的杀菌作用。

2. 流行病学

结核病在世界各国广泛流行。越是人口稠密、地势低洼、气候温和、潮湿的地区,发病越多。结核病潜伏期长,发病缓慢。

患结核病的牛和其他动物以及人是该病的传染源,特别是开放性结核病的病畜和人。结核病的传播途径,一是呼吸道,二是消化道。不良的外界环境,如饲料营养不足、牛舍阴暗、潮湿、卫生条件差,牛缺乏运动,饲养密度过大,皆可促使结核病的发生与流行,结核病的发生往往呈地方性流行趋势。

3. 症状

潜伏期长短不一,短者十几天,长者可达数月或数年。

肺结核:是肉牛的多发病。主要症状是干咳,尤其是起立、运动、吸入冷空气或含尘埃的空气时更易咳。病初时食欲、反刍均无变化,但易疲劳。随着病情的发展,咳嗽由少而多,带疼感,伴有低热,咳出的分泌物呈黏性、脓性、灰黄色,呼出气体带有腐臭味,严重时呼吸困难,伸颈仰头。肺部听诊有啰音和摩擦音,叩诊有浊音区。体表淋巴结肿大,病牛消瘦、贫血。当发生全身性粟粒结核、弥漫性肺结核时,体温升高到40℃。

肠结核:主要症状是前胃弛缓或瘤胃臌胀,腹泻与便秘交替发生。腹泻时,粪呈稀粥状,内混有黏液或脓性分泌物,营养不良,渐进性消瘦,全身无力,肋骨外露。直肠触摸时,腹膜表面粗糙、肠系膜淋巴结肿大,有时会触摸到腹膜或肠系膜的结核结节。

乳房结核:表现为乳房上淋巴结肿大,乳房实质部有数量不等、大小不一的结节,质地坚硬,无热无疼。泌乳量减少,发病初期乳汁无明显变化,严重时乳汁稀薄,呈灰白色。

生殖器官结核:主要症状是性机能紊乱,发情频繁,久配不孕,母牛流产,公牛附睾肿大,有硬结。

4. 诊断

肉牛发生不明原因的消瘦、咳嗽,肺部听诊与叩诊异常,乳房硬结,顽固性下痢,体表淋巴结慢性肿胀,即可怀疑为结核病。现行确诊结核病的方法是结核菌素检疫。结核菌素检疫有点眼法、皮内法和皮下法 3 种,通常用皮内法和点眼法综合评定。

(1)皮内法　注射部位:将结核菌素注射在左侧颈部皮内,3 月龄以内的犊牛注射到肩胛部。注射前,应测量皮肤厚度。

注射剂量:3 月龄以内的犊牛注射 0.1 毫升,3~12 月龄的牛注射 0.15 毫升,1 年以上的牛注射 0.2 毫升。

结果观测:注射后 72 小时测量皮肤厚度,并注意注射部位有无热、痛、肿等情况。

判定:阳性反应(+),局部发热,有痛感,并呈现界限不明显的弥漫性水肿,其肿胀面积在 35 毫米×45 毫米以上;或上述反应轻,而皮差(接种后皮厚与原皮厚之差)超过 8 毫米。可疑反应(±),炎性肿胀面积在 35 毫米×45 毫米以下,皮差在 5~8 毫米。阴性反应(-):无炎性水肿,皮差在 5 毫米以下,或仅有坚实而界限明显的硬块。

(2)点眼法　方法:详细检查两眼,并用 2% 硼酸溶液冲洗。正常时方可点眼,一般点左眼,左眼有病可点右眼,必须在记录上说明。一般点 3~5 滴。

观察:点眼后于 3、6、9、24 小时各观察一次,观察两眼的结膜与眼睑的肿胀情况,流泪及分泌物的性质与量的多少,阴性反应和可疑牛 72 小时后于同一眼再点一次。

判定:阳性反应,有 2 毫米×10 毫米以上的黄色脓性分泌物积聚在结膜囊及眼角或散布在眼的周围,或者分泌物较少但结膜充血、水肿、流泪明显,并伴有全身反应。疑似反应,有 2 毫米×10 毫米以上的灰白色、半透明的黏液性分泌物积聚在结膜囊或眼角处,但无明显的眼睑水肿及全身反应。阴性反应、无反应或仅有结膜轻微充血,眼有透明浆液性分泌物。综合判定,以上两种方法中任何一种呈现阳性反应即判定为结核菌素阳性反应;任何一种反应呈疑似反应者即判定为疑似反应。

5. 防治

对结核病牛应立即淘汰,对于应保护的良种母、公牛可用异烟肼、链霉素及利福平治疗。

处方一:异烟肼 2 毫克/千克体重,口服,每天 2 次,3 个月一个疗程。

处方二:链霉素2~4克,肌内注射,每天2次,配合异烟肼。

处方三:利福平3~5克,口服,每天2次,配合异烟肼。

结核病的防治主要采取综合性防治措施,原则是防止疾病传入,净化污染牛群,培养健康牛群。

检疫消毒措施:肉牛场每年必须对牛群春、秋季各进行1次结核病检疫。开放性结核病牛,应予以屠宰,产品处理应按照防疫条例进行;无症状的阳性牛,应隔离或淘汰;可疑牛需复检,凡2次可疑者,可判为阳性。病牛污染的牛棚、用具,要用10%漂白粉或20%石灰乳或5%来苏儿消毒。

结核病牛场,在第一次检疫后处理、捕杀、隔离阳性可疑牛,30~45天后应对牛群进行第二次检疫,后每隔30~45天进行一次检疫。在6个月内连续3次不再有阳性病牛检出,可认为是假定健康牛群。对假定健康牛群每半年检疫一次。

对已出场的牛,不要再回原牛场。新购入的牛,需进行结核菌素检疫,反应阴性者才能入场。

每年春、秋两季都要对牛场进行全面的消毒。牛棚、牛栏可用石灰乳粉刷,食槽、用具可用10%漂白粉消毒。粪便要堆积发酵。

饲养员应定期进行健康检查,如有患结核病者,不应再做饲养肉牛的工作。

在结核病牛群中培养健康牛,将无症状的结核病阳性牛集中饲养,场地应选在较偏远的地方,定为结核牛场。该场要与健康牛场绝对隔离,所产的乳要用巴氏消毒法消毒。该场的产房应清洁、干燥,定期消毒,初生犊牛脐带断口要用10%碘酊浸泡1分。犊牛出生后要立即与母牛分开,调入中转牛场,人工喂初乳3天,以后由检疫无病的母牛供养或喂消毒乳;犊牛舍一切用具应严格消毒,犊牛出生后20~30天做第一次结核菌素检疫,100~120天时做第二次检疫,160~180天时做第三次检疫。3次检疫为阴性者,可进入健康的牛群。

6.公共卫生

人结核病多由牛结核菌所致,饮用带菌的生牛奶是最直接的传播原因,因此消毒牛奶是预防人患结核病的一项重要措施。

三、布鲁氏菌病

布鲁氏菌病为人畜共患的一种接触性传染病,主要危害生殖器官,引起子宫、胎膜、睾丸的炎症,还可引起关节炎。临床特征是流产、不孕和多种组织的局部病灶。牛、羊、猪最常发生。人感染此病后,表现为波浪热、关节痛、睾丸肿大、神经衰弱等症状。

1. 病原

布鲁氏菌病的病原体是布鲁氏菌。布鲁氏菌主要有羊型(马耳他岛热)、牛型、猪型3种,每型又有多种亚型。近几年新发现的还有绵羊布鲁氏菌、沙林鼠布鲁氏菌及犬布鲁氏菌。布鲁氏菌对热的抵抗力不强,60℃湿热经15分可被杀死。对干燥的抵抗力较强,在尘埃中可存活2个月,在皮毛中可存活5个月。

布鲁氏菌侵袭力和扩散力很强,不仅能从损伤的黏膜、皮肤侵入机体,还能从正常的皮肤、黏膜侵入机体,它不产生外毒素,其致病物质是内毒素。

普通消毒剂有杀菌作用。1%~3%苯酚、2%福尔马林、5%石灰水都可杀死该病菌。

2. 流行病学

牛型布鲁氏菌主要侵害牛,病牛是主要传染源。病菌主要存在于病牛的阴道分泌物、流产的胎儿、胎水、胎膜、乳汁、粪尿及公牛的精液中。其传播途径,一是直接接触传染,通过交媾、创伤皮肤和结膜感染;二是消化道传染,即健康牛采食了被病原菌污染的饲料和饮水而被感染。初产母牛对此病敏感。病牛流产1~2次后,很少再发生流产,有自然康复和产生免疫的现象。

该病无季节性,饲养管理不当,营养不良,防疫注射消毒不严格等皆可促使该病的流行。该病多呈地方性流行。

3. 症状

潜伏期2周至6个月。布鲁氏菌首先侵害淋巴结,继而随淋巴液和血液散布到其他组织中,如妊娠子宫、乳房、关节囊等,引起体温升高,引发乳腺炎、妊娠母牛流产、关节炎,导致胎衣不下、子宫内膜炎等症状,致使母牛不易受孕。流产胎衣呈黄色胶冻样浸润,有些部位覆有纤维蛋白絮片和脓液,有些部位增厚,加杂有出血点,胎儿第四胃有淡黄色或白色黏液絮状物。

临床流产多发生于妊娠后5~8个月,流产胎儿可能是死胎或弱犊。公牛睾丸受侵害时会引起睾丸和附睾发炎、坏死或化脓,阴囊出血坏死,慢性病牛结缔组织增生,睾丸与周围组织粘连。乳房实质、间质细胞浸润、增生。

4. 诊断

该病的临床症状不典型,不易确诊。有的孕牛流产不是由布鲁氏菌引起的,因此,孕牛流产时应对其胎儿、胎膜进行细菌学分离和鉴定病原,万不可疏忽大意。可取流产胎儿的第四胃及其内容物、肺、肝及脾脏,送有关单位化验。目前,广泛采用血清凝集反应及补体结合试验,进行布鲁氏菌病的诊断。

5. 治疗

本病目前还没有特效治疗药物,只能对症治疗,流产后继发子宫内膜炎的病牛,或胎衣不下经剥离的病牛,可用 0.1% 高锰酸钾溶液等冲洗阴道,子宫放置金霉素或土霉素。严重病例可用金霉素、链霉素等抗菌药物全身治疗。

6. 防治

布鲁氏菌病预防原则是定期检疫,捕杀病牛,加强防疫,防止病原菌侵入,培育健康犊牛。

(1)加强饲养管理　日粮营养要均衡,矿物质、维生素饲料供应要充足,以加强孕牛体质。严格消毒。产房、饲槽及其他用具都要用 10% 石灰乳或 5% 来苏儿溶液消毒。孕牛分娩前要用 1% 来苏儿溶液洗净后躯和外阴,人工助产器械、操作人员手臂都要用 1% 来苏儿溶液清洗消毒。褥草、胎衣要集中到指定地点发酵处理。

(2)隔离可疑牛　有流产症状的母牛应隔离,并取其胎儿的第四胃内容物做细菌鉴定。呈阴性反应的牛可回原棚饲养,捕杀阳性反应的牛,同时整个牛场要进行一次大消毒。

(3)定期检疫　每年应在春、秋季各进行 1 次检疫,阳性牛要与健康牛隔离开。注射过布鲁氏菌病疫苗的牛场,应用血清抗体检疫困难,应做补体结合试验,以最后判定是否患有此病。

(4)定期预防注射　犊牛 6 月龄时注射布鲁氏菌病疫苗。注射前要做血检,阴性者可注射。注射后 1 个月检查抗体,凡血检阴性或可疑者,再做第二次注射。直到抗体反应阳性为止。目前在我国有些地区已经净化了此病,形成无布鲁氏菌病区域,这些地域只进行疫情监测,不注射疫苗。

(5)控制传染源　捕杀病牛,切断传播途径,同时要加强饲养管理,饲料要丰富,品质要好,保持良好的卫生环境,做好消毒工作,培养健康牛群。约经 2 年时间,牛群无阳性反应牛出现(标准是 2 次血清凝集反应和 2 次补体结合试验全为阴性,且分娩正常)。病牛所生的犊牛,出生后立即与母牛分开,人工饲喂初乳 3 天后,转入中途站内用消毒乳饲喂。在 5~9 月龄,进行 2 次血清凝集反应检疫,阴性反应牛注射流产 19 号疫苗或直接归入健康牛群。

炭疽病为人畜共患的一种急性、热性、败血性传染病。其特征是病牛的皮下和浆膜下组织呈出血性浆液浸润,血凝不全,脾脏肿大,常呈最急性和急性经过,该病可传染给人。

1. 病原

炭疽病的病原是炭疽杆菌。凡患炭疽病的尸体,严禁剖检,以防止污染环境。炭疽杆菌在外界环境分布很广,发生炭疽病的地区,其土壤中分布较多。炭疽杆菌的繁殖体抵抗力不强,60℃条件下经15分即被杀死。但在干燥环境中可生存10年,在粪便与水中也可长期存活。温热的10%福尔马林和5%氢氧化钠溶液可将炭疽杆菌杀死,苯酚及来苏儿对它作用甚微。

2. 流行病学

病牛是该病的主要传染源,濒死病牛及其分泌物、排泄物中含有大量的病菌。尸体处理不当,形成大量芽孢会污染环境、土壤、水源,成为永久的疫源地。

此病主要经消化道感染,另外还能经呼吸道、皮肤、伤口等感染。

3. 症状

该病潜伏期为1～5天。最急性型病例发病急剧,无典型症状而突然死亡,全身肌肉震颤,步态蹒跚,可视黏膜发绀,呼吸困难,大声鸣叫而死亡,濒死期天然孔出血、血凝不全,病程持续数分至数小时。

急性发病的症状是体温急剧升高到41～42℃,心跳每分100次以上,反刍停止,食欲废绝,伴发瘤胃臌胀,泌乳停止。病初兴奋不安,惊恐鸣叫,横冲直撞;后期精神沉郁,呼吸困难,步态不稳,可视黏膜发绀,并有针尖到米粒大小的出血点。有的病牛先便秘后腹泻,便中带血。病程1～2天,濒死期全身战栗,呈痉挛样,体温下降,呼吸极度困难。孕牛流产,颈、胸部水肿。

亚急性发病的症状同急性型相似,但病程较长,2～5天,病情较缓和。在体表各部,如喉头、颈部、胸前、腹下、肩胛、乳房等皮肤以及直肠、口腔黏膜等处形成炭疽痈,病初硬固,有热痛,后热痛消失,发生坏死,有时可形成溃疡,出血。

4. 诊断

最急性和急性病例,临床上无特殊症状,不易确诊,必须结合流行病学分析和血液细菌学检查。可疑炭疽病的病例严禁剖检,采样要严格,可取耳静脉血;局部有水肿的病例,可抽取水肿液,检查后要彻底消毒。

用上述病料抹片,瑞氏染色或吉姆萨染色,后镜检,如发现典型的具有荚膜的炭疽杆菌即可确诊为炭疽病。

沉淀试验操作方法:将待检的数克组织用6~8倍的生理盐水稀释,煮沸15~20分,用滤纸过滤,取其清亮液少许缓缓倒于特制的沉淀血清上,使成两层,如在两层之间形成乳白色云雾状环带即为阳性,可诊断为炭疽病。

诊断本病时,要注意与牛巴氏杆菌病及气肿疽等区别。

5. 治疗

(1)血清疗法 抗炭疽血清是治疗炭疽病的特效药品,静脉注射,每次100~300毫升;或静脉注射与皮下注射相结合。重病牛可在第二天再注射1次,病初使用可获得良好效果。

(2)药物疗法 常用药物有磺胺类、青霉素、土霉素、链霉素、先锋霉素等,与高免血清同时并用,效果更好。

处方一:青霉素250万国际单位、链霉素3~4克,每天肌内注射2次,直至痊愈。

处方二:土霉素2~3克,以1 000毫升生理盐水稀释,静脉注射,每天1次,直至痊愈。

处方三:静脉注射10%磺胺噻唑钠150~200毫升或按每千克体重0.2克内服磺胺二甲基嘧啶。

颈、胸、外阴部水肿时,可在肿胀部周围分点注射抗炭疽血清或抗生素。

6. 防治

(1)发生炭疽病时的牛场处理 发生炭疽病时应立即上报有关部门,封锁发病场所,并对全群牛逐头测温。凡体温升高、食欲废绝、泌乳量下降的牛,必须隔离饲养。与病牛同舍饲养或有所接触的牛,应先注射抗炭疽病血清,8~12天之后再注射炭疽芽孢苗。牛棚、运动场、食槽及一切用具,可用含熟石灰水的5%氢氧化钠液消毒。严禁剖检尸体。病死牛及其排泄物、被污染的褥草及残存饲料等,应集中焚烧或深埋,深埋时不浅于2米,尸体底部与表面应撒上厚层生石灰。严禁非工作人员出入封锁区。工作人员必须戴手套、穿胶靴和工作服,用后严格消毒,外露部分有伤的人员不得接触病牛及其污染物。当最后一头病牛痊愈或死亡后14天,再无新的病例出现,方可解除封锁。

(2)未发生炭疽病牛场的处理 每年定期预防注射一次,一般在春季或秋季进行。可用的疫苗有以下几种。

第一，炭疽2号芽孢苗。牛场内所有的牛全部注射。每头牛皮下注射1毫升。注射后14天产生免疫力，免疫期为1年。

第二，无毒炭疽芽孢苗。1岁以上的牛，皮下注射1毫升；1岁以下的牛，皮下注射0.5毫升。注射疫苗前应对牛做临诊检查，凡瘦弱、体温高的牛、年龄不足1个月的犊牛、产前2个月内的母牛均不应注射疫苗。

7. 公共卫生

炭疽病可以传染给人，引起皮肤炭疽痈、肺炭疽、肠炭疽。从事饲养、兽医、屠宰、毛皮加工工作的人员应做好卫生防护工作。严禁食用病死牛肉。

五、牛流行热

牛流行热是由弹状病毒属的流行热病毒引起的急性热性传染病，主要症状是高热、流泪、有泡沫样流涎、鼻漏、呼吸紧迫、后躯活动不灵活。该病多为良好经过，经2~3天即恢复正常，故又称"三日热"或暂时热，但若大群发病，产奶量会大量减少，而且部分病牛会因瘫痪而淘汰，造成牛场一定程度的损失。

1. 病原

流行热病毒对氯仿、乙醚敏感，反复冻融对该病毒无明显影响，病毒滴度不下降，该病毒耐碱不耐酸，pH 7.4、pH 8.0作用3小时仍具活力，pH 3时完全失活。发病时病毒存在于病牛血液中。

2. 流行病学

本病的发生具有明显的季节性，主要流行于多雨、潮湿、蚊蝇较多的季节。病毒能在蚊子体内繁殖，自然条件下，吸血昆虫能传播该病。

3. 症状

该病潜伏期3~7天。发病前可见寒战，轻度运动失调，不易被发现，之后突然高热（40℃以上），维持2~3天。病牛精神沉郁，鼻镜干燥，肌肉震颤，结膜潮红，部分牛流泪，口腔内流出大量带泡沫的唾液，呈线状下垂，食欲减少或废绝，反刍停止，粪少而干，表面包有黏液甚至血液，瘤胃及肠蠕动减弱，奶产量急降甚至停乳；体温降至正常后，奶产量逐渐恢复。病牛在全身症状出现一天后，流出浆液性鼻液，呼吸快而浅表，可达80次/分，张口呼吸，头颈伸直，以腹式呼吸为主。有些牛剧烈咳嗽，肺部听诊，病初肺泡音粗糙，1天后出现干、湿啰音，严重时发生肺气肿。四肢在病初跛行，左右交替出现，不愿走路，行走时步态不稳，后躯摇晃；部分牛卧地不起，腰椎以下部分感觉较差，有时消失。

孕牛部分流产、早产。

4. 防治

每年 4~5 月注射两次哈尔滨兽药厂生产的流行热疫苗(目前国内唯一一种疫苗),两次间隔 21 天。防治原则是消灭蚊蝇,做好护理,对症治疗,防止继发症状的发生。

处方一:5% 葡萄糖盐水 1 500 毫升,0.5% 醋酸氢化可的松 50 毫升,10% 维生素 C 40 毫升,庆大霉素注射液 80 万国际单位,一次静脉注射,连用 3 天,适应于轻症病例,孕牛慎用,心脏机能弱的病例可加注 5% 氯化钙 1 000 毫升,重症病例肌内注射卡那霉素 500 万国际单位,每天 2 次。

处方二:肺气肿、呼吸困难的病例,25% 葡萄糖 500 毫升,5% 氯化钙 1 000 毫升,20% 苯甲酸钠咖啡因注射液 1 000 毫升。肺水肿病例可静脉注射 20% 甘露醇或 25% 山梨醇 500~1 000 毫升。

六、牛皮肤结节病

1. 病原

牛皮肤结节病是由皮肤病病毒引起牛的一种急性、亚急性或慢性传染病,主要症状是发热,消瘦,流鼻涕,流涎,淋巴结肿大,皮肤水肿、局部形成坚硬的结节或溃疡。引起牛不孕,流产,肉牛生产性能下降,泌乳牛产奶量显著下降,皮张无法利用,可因继发细菌感染而死亡。发病率 5% ~45%,死亡率 10% 左右。

2. 流行病学

传染源是感染牛结节性皮肤病病毒的牛。感染牛和发病牛的皮肤结节、唾液、精液等含有病毒。主要通过吸血昆虫(蚊、蝇、蠓、虻、蜱等)叮咬传播,牛相互舔舐,食用被污染的饲料和饮水,污染的针头,感染公牛的精液等传播。能感染所有牛,无年龄差异。主要发生于血吸虫活跃季节。

3. 症状

(1)临床特征　临床表现差异很大,跟牛的健康状况和感染的病毒量有关。特别是肩前淋巴结肿大,发热后 48 小时皮肤上出现直径 10~50 毫米结节,头、颈、肩膀、乳房、外阴、阴囊等部位居多。牛的四肢、腹部和会阴等部位水肿,导致牛不愿活动。大量消耗牛的能量,造成牛快速消瘦。

(2)病理变化　消化道和呼吸道内表面有结节病变。淋巴结肿大,出血。心脏肥大,心肌外表充血、出血,呈现斑块状瘀血。肺脏肿大,有少量出血点。

胆囊肥大,为正常的 2~3 倍。脾脏肿大,质地变硬。肾脏表面有出血点。胃黏膜出血。小肠弥漫性出血。气管黏膜充血,气管内有大量黏液。

4. 诊断、上报

牛皮肤出现结节可怀疑为牛结节性皮肤病。牛结节性皮肤病与牛疱疹病毒病、伪牛痘、疥螨病等临床症状相似,需采集可疑病例皮肤结痂、唾液、口鼻拭子和抗凝血等样品,送至中国动物疫病预防控制中心进行检测。

各省首例疑似病例,经国家外来动物疫病研究中心复核,结果仍为阳性的,判定为确诊病例。再次发生疑似病例,由各省动物疫病预防控制中心确诊,样品送国家外来动物疫病研究中心备份。

病例报告和确认实行快报制度。任何单位和个人发现牛出现疑似牛结节性皮肤病症状,应立即向所在地畜牧兽医主管部门、动物卫生监督机构或动物疫病预防控制机构报告,有关单位接到报告后应立即按规定通报信息,按照"可疑病例—疑似病例—确诊病例"的程序认定疫情。

省级畜牧兽医主管部门负责定期发布疫情情况,农业农村部按月汇总发布。

5. 防治

对流行地区可采取疫苗免疫。牛结节疹弱毒活疫苗产生抗体保护可持续 3 年,免疫后会出现一些免疫反应,如在乳房等部位出现结节疹。山羊痘或绵羊痘活疫苗,需使用 10 倍剂量进行免疫,效果比麦角酸二乙基酰胺的活疫苗稍差些,副作用小,不会造成流产等副作用。

对于新发地区,应限制牛群流动,进行隔离,清除病牛并对环境消毒。

第三节　常见产科疾病

一、子宫内膜炎

母牛子宫内膜炎是常见的产科疾病,病原微生物侵入子宫,主要引起母牛子宫内膜上皮细胞损伤、子宫积脓、早期胚胎着床失败等。不同程度的炎症,子宫内膜炎修复所需的时间不同,对母牛繁殖的影响也不同。国内外对该病已做了很多研究,但是子宫内膜炎的发生受自然环境和饲养管理条件等因素影响,不同的地区情况不尽相同。根据临床症状可以分为:产后子宫内膜炎、临床型子宫内膜炎、亚临床型子宫内膜炎。

产后子宫内膜炎是动物产后 21 天内,子宫异常增大并排出臭的水样红棕色的物质,同时伴随系统性疾病症状,体温高于 39.5℃。

在产后 21 天内动物不发病,但子宫异常增大,且阴道检测有化脓性子宫排出物,可将其归类为临床型子宫内膜炎。临床型子宫内膜炎是奶牛产后 21 天或更长时间,阴道检测有脓性子宫排出物,或者是产后 26 天后,阴道检测有黏脓性子宫分泌物的子宫内炎症性疾病。

亚临床型子宫内膜炎在缺少临床型子宫内膜炎症状的情况下,产后 21 ~ 33 天,子宫细胞学样本中中性粒细胞的密度大于 18% ,或者是产后 34 ~ 47 天,中性粒细胞的密度大于 10% 。

1. 危害

牛子宫内膜炎是发生在牛子宫内膜上的炎症,引起母牛产犊间隔延长,屡配不孕以致被淘汰。

2. 病因

子宫的防御机制是保护子宫免受外界微生物侵扰的重要屏障,当外界微生物入侵子宫时,子宫防御屏障会做出拦截反应,子宫收缩可以排出一部分恶露和病原;子宫的第二道防御屏障是子宫内膜上存在的免疫细胞。这两种防御屏障都没能阻止病原微生物时就会引起子宫内膜炎。引起母牛子宫内膜炎的因素比较复杂,主要是外界环境和母牛自身因素综合作用的结果。正常情况下母牛子宫是无菌的封闭状态,但是在分娩中及产褥期,产道打开,加上母牛身体虚弱,抵抗力降低,外源性或内源性感染致病菌趁机侵入,引起母牛的子宫内膜炎症。其中,外源性感染为主要途径。引起母牛子宫内膜炎的外因有很多,如助产时操作不当引起的机械损伤,助产时消毒不严格带入病原微生物,产后护理不当,母牛引产、胎衣剥离等造成机械损伤,母牛产犊时年龄和季节因素,饲料营养搭配不均衡,产房消毒不彻底,通风不良。大多数母牛在产后 2 周内能自行消除子宫内的病源,但是因为子宫内病原微生物或子宫复旧延迟,有时会影响母牛的受胎率。

3. 诊断

(1)临床诊断 临床上对母牛子宫内膜炎的诊断主要是通过外部观察法和直肠检查法。急性子宫内膜炎多见于产后或流产后的母牛,病牛表现为体温升高、食欲不振、拱背、努责,阴道分泌物呈黏性或脓性黏液,有臭味。阴道检查可见絮状黏液,子宫颈口略开张。直肠检查发现病牛的子宫角增大,子宫壁增厚,弹性变差,触诊有波动。B 超检查可见阴影反射区(图 7 - 1)。内窥镜检查阴道也可以作为一种诊断方法,但是牛子宫颈存在弯曲,因此只能观察到子宫颈口和阴道分泌物的特点,目前牛的子宫内窥镜还没有普及。为了确诊,除了临床观察之外,也可提取病料进行实验室诊断。

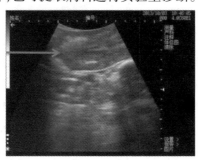

图 7-1 B 超检查图

（2）试验室诊断 母牛子宫内膜炎的实验室检查方法有多种,常用的有子宫内膜活检、子宫内膜细胞学诊断、子宫颈口黏液的白细胞检查、精液生物学诊断、尿液和硝酸银诊断法。子宫内膜活检是通过观察子宫内膜细胞中多核型细胞的比例,间接反映子宫内膜发炎情况。精液生物学诊断通过观察滴入牛子宫分泌物中精子活力变化来诊断子宫内膜炎情况,如果精子失去活力或者凝集,则表明该个体患有子宫内膜炎。尿液检查是根据患牛的组织胺释放量增多,与硝酸银发生反应变黑的原理做出诊断。

细菌、真菌、病毒和支原体等都能引起子宫内膜炎,不同地域不同场次,病原微生物存在着差异。临床症状相似的病牛,病原也不完全相同,仅根据临床症状用药,对部分病例效果不显著,因此需要对病牛子宫内容物进行分离鉴定,确定病原微生物种类,再做针对性治疗。传统的病菌微生物分离鉴定是培养病牛子宫内容物,根据菌落状态、镜检结果和生化鉴定,从而判断引起子宫内膜炎的主要病原。

4. 治疗

在临床治疗过程中,国内外专家和学者做了许多探索。概括起来有子宫内疗法、全身疗法、生物疗法、中医疗法等。

（1）子宫内疗法 子宫内分泌物较少或没有时可以进行子宫灌注疗法。母牛子宫内膜炎多为多种菌混合感染,灌注时多选择广谱抗生素如土霉素、金霉素、四环素、庆大霉素等。子宫灌注法是将药物直接灌注子宫或溶于适量生理盐水灌入子宫内。

（2）全身疗法 出现全身症状的病牛,采取局部治疗的同时还要结合全身症状进行治疗。重症病例可以补盐或补糖静脉注射或肌内注射抗菌药，常用的抗菌药有青霉素类、氨基糖苷类、四环素类、氯霉素类等。全身疗法所用的药量大，费用高，药物残留增加了经济损失，一般仅在出现全身症状时使用。

（3）生物疗法　生物学疗法的基本原理是利用乳酸对微生物的抑制作用治疗子宫内膜炎。乳酸菌能将黏膜上皮的糖原分解为乳酸，抑制其他微生物从而达到治疗子宫内膜炎的目的。溶菌酶也是治疗子宫内膜炎的一种生物制剂，它的作用机制是通过水解作用破坏微生物的细胞壁使菌体溶解，具有抗菌抗病毒功效，而且无毒无副作用。溶菌酶对革兰阳性菌效果明显，对革兰阴性菌的作用比较弱，因此常与其他药物配合使用。将溶菌酶冻干粉和碳酸氢钠、柠檬酸钠等试剂按一定比例混合制成泡腾栓剂，灌注子宫，可取得良好的效果。生物学疗法避免使用抗生素副作用，提高了畜产品安全性。

（4）中医疗法　中药不产生耐药性，无药物残留，不影响奶品质。近年来专家和学者在中药治疗牛子宫内膜炎方面做了很多探索。中草药品种繁多，针对肉牛子宫内膜炎的症状，中药方剂的筛选主要以活血化瘀、改善微循环为原则，辅以祛腐生肌、促进炎症过程中肉芽组织增生的药物，再加上清热解毒、抗菌消炎药物对症治疗，取得了一定的疗效。

5. 预防

（1）严格操作规程　人工授精或难产助产时，严格按照操作规则，使用器械及操作人员手、臂严格消毒。孕检、人工授精、难产助产时，操作不能粗暴，防止损伤子宫颈及子宫组织。分娩或流产后数天之内，给予合适的药物及早治疗，防止炎症扩散，避免急性子宫内膜炎转变为慢性炎症影响生育机能。

（2）加强饲养管理　引起子宫内膜炎的病原微生物多为条件致病菌，普遍存在于母牛的生活环境中，因此平时的饲养管理中应及时清除粪便，注意圈舍消毒，特别注意产房产床消毒和产后母牛外阴部消毒。围产期母牛注意营养均衡，减少难产的发生率。产后虚弱的母牛及时补糖补盐，提高母牛抵抗力。夏季气温高适合病原微生物繁殖，因此应该控制产犊时间，避免6～9月高温季节分娩。

二、子宫内翻及脱出

子宫内翻指子宫角前端翻入子宫或阴道内，子宫脱出指子宫角、子宫体、阴道、子宫颈全部翻出于阴门外，两者是同一病理过程，只是程度不同。以年老与经产母牛为多,常发生在分娩后数小时内,分娩 12 小时以后极为少见。

1. 病因

胎次过多、年龄过大、胎儿过大、胎水过多或双胎等引起子宫过度扩张,子宫括约肌悬韧带松弛,子宫弹性不足,胎儿产出后,腹压过大,子宫容易脱出。饲料营养成分单一、质量较差,使母牛体质较弱;运动不足,使母牛体质弱,全身张力下降;助产不规范、粗暴助产;产程过长、死胎,造成子宫内液体流失,产道过干均容易造成子宫脱。

2. 症状

子宫角内翻程度较轻,母牛常不表现临床症状,在子宫复旧过程中可自行复原。如子宫角通过子宫颈进入阴道,病牛常表现不安,经常努责,尾根举起,食欲及反刍减少,徒手检查阴道时会触摸到柔软圆形瘤状物,直肠检查时可摸到肿大的子宫角呈套叠状,子宫阔韧带紧张。如子宫脱出,可见到阴门外长椭圆形袋状物,往往下垂到跗关节上方,其末端有时分 2 支,有大小 2 个凹陷,脱出的子宫表现有鲜红色乃至紫红色的散在的母体胎盘,时间较久,脱出的子宫易发生瘀血和血肿,黏膜受损伤和感染时,可继发大出血和败血症。

3. 诊断

根据病发时间和临床症状,即可确诊。

4. 治疗

子宫脱出必须施行整复手术,将脱出的子宫送入腹腔,使子宫复位。

(1)整复前的准备工作　人员准备:术者 1 人,助手 3 ~ 4 人。药品准备:备好新洁尔灭、5% 碘酊、2% 普鲁卡因、明矾、高锰酸钾、磺胺粉、抗生素等。器械准备:备好脸盆、毛巾、为托起子宫用的瓷盘、缝针、缝线、注射器与针头等。

(2)整复步骤　麻醉:为防止和减弱病牛努责,用 2% 普鲁卡因 10 ~ 15 毫升做尾椎封闭。冲洗子宫:用 0.1% 新洁尔灭清洗病牛后躯,用温的 0.1% 高锰酸钾溶液彻底冲洗子宫黏膜。胎衣未脱落者,应先剥离胎衣。为了促使子宫黏膜收缩,可再用 2% ~ 3% 明矾水溶液冲洗。复位:用消毒瓷盘将子宫托起,与阴门同高,不可过高或过低。术者将子宫由子宫角顶端开始慢慢向盆腔内推送。推送前应仔细检查脱出的子宫有无损伤、穿孔或出血。损伤不严重时,可涂 5% 碘酊;损伤程度较大、出血严重或子宫穿孔时,应先缝合。术者应用拳头或手掌部推送子宫,不可用手指推送。将子宫送回腹腔后,为使子宫壁平整,术者应将手尽量伸到子宫内,以掌部轻轻按压子宫壁或轻轻晃动子宫。为防止子宫感染,可用土霉素 2 克或金霉素 1 克,溶于 250 毫升蒸馏水中,灌入子宫。也可向子宫灌入 3 000~5 000 毫升刺激性较小的消毒液,利用液体的重力使子宫复位。为防止病牛努责或卧地后腹压增大使复位的子宫再度脱出,可缝合阴门,常采用结节缝合法,缝合 3~5 针(上部密缝,下部可稀),以不妨碍排尿为宜。对治疗后的病牛应随时观察,如无异常,可于 3~4 天后拆除缝线。同时配合全身治疗,防止全身感染。

早期发现子宫内翻并加以整复,预后良好,子宫脱出常会因并发子宫内膜炎而影响受孕能力。子宫脱出时间较久,无法送回或损伤及坏死严重,整复后有可能引起全身感染的牛可施行子宫切除术,同时要强心补液,消炎止痛,防止全身感染,提高抵抗力。

5. 预防

加强饲养管理,保证矿物质及维生素的供应。妊娠牛每天应有 1~1.5 小时的运动,以增强身体张力。做好助产工作;产道干燥时,应灌入滑润剂;牵引胎儿时不应用力过猛,拉出胎儿时速度不宜过快;产畜分娩及分娩后,应单圈饲养,有专人看护,以便及时发现病情,尽早处理。

三、胎衣不下

胎衣不下又叫胎衣停滞,指母牛产出胎犊后,胎衣不能在正常时间内脱落排出而滞留于子宫内。胎衣脱落时间超过 12 小时,存在于子宫内的胎衣会自溶,遇到微生物还会腐败,尤其是夏季,滞留物会刺激子宫内膜发炎。超过 12 小时内未排出胎衣,就可认为是胎衣不下。对胎衣不下的牛应给予促进子宫收缩及消炎及药,尽量避免剥离。如处理不当往往会继发子宫内膜炎,这是造成母牛不孕的主要原因。

1. 病因

胎衣不下主要与产后子宫收缩无力、怀孕期间胎盘发生炎症及牛的胎盘构造有关。

2. 症状

根据胎衣在子宫内滞留的多少,将胎衣不下分为全部胎衣不下和部分胎衣不下。

(1)全部胎衣不下 指整个胎衣滞留于子宫内。多因子宫坠垂于腹腔或胎盘端脐带断端过短所致。外观仅见少量胎膜悬垂于阴门外,或看不见胎衣。一般病牛无任何表现,有些头胎母牛有不安、举尾、拱背和轻微努责症状。

滞留于子宫内的胎衣,只有在检查胎衣,或经 1~2 天后,由阴道内排出腐败的、呈污红色熟肉样的胎衣块和恶臭液体时才被发现。这是由于腐败分解产物的刺激和被吸收，病牛会发生子宫内膜炎，表现出全身症状，如体温升高，拱背努责，精神不振，食欲与反刍稍减，胃肠机能紊乱。

（2）部分胎衣不下 指大部分胎衣排出或垂附于阴门外，只有少部分与子宫粘连。垂附于阴门外的胎衣，初为粉红色，后由于受外界的污染，上面粘有粪沫、草屑、泥土等。夏季易发生腐败，色呈熟肉样，有腐臭味，阴道内排出褐色、稀薄、腐臭的分泌物。

通常，胎衣滞留时间不长，对牛全身影响不大，其食欲、精神、体温都正常。胎衣滞留时间较长时，由于胎衣腐败、恶露潴留、细菌滋生，毒素被吸收，病牛出现体温升高，精神沉郁、食欲下降或废绝。

3. 诊断

根据临床症状（胎衣不下），予以确诊。个别牛有吃胎衣的现象，也有胎衣脱落不全者。在牛分娩后要注意观察胎衣的脱落情况及完整性，发现问题应尽早做阴道检查，以免贻误治疗时机。

4. 治疗

治疗原则是增加子宫的收缩力，促使胎盘分离，预防胎衣腐败和子宫感染。

促进子宫收缩：一次肌内注射垂体后叶素 100 国际单位，或麦角新碱 20 毫克，2 小时后重复用药。促进子宫收缩的药物使用必须早，产后 8 ~ 12 小时效果最好，超过 48 小时，必须再补注类雌激素（己烯雌酚 10 ~ 30 毫克）后 0.5 ~ 1 小时使用。灌服无病牛的羊水 3 000 毫升，或静脉注射 10% 氯化钠 300 毫升，也可促进子宫收缩。

预防胎衣腐败及子宫感染：将土霉素 2 克或金霉素 1 克，溶于 250 毫升蒸馏水中，一次灌入子宫；或将土霉素等干撒于子宫角，隔天 1 次，经 2 ~ 3 次，胎衣会自行分离脱落，效果良好。药液也可一直灌用至子宫阴道分泌物清亮为止。如果子宫颈口已缩小，可先注射己烯雌酚 10 ~ 30 毫克，隔天 1 次，以开放宫颈口，增强子宫血液循环，提高子宫抵抗力。

促进胎儿与母体胎盘分离：向子宫内一次性灌入 10% 灭菌高渗盐水 1 000 毫升，其作用是促使胎盘绒毛膜脱水收缩，从子宫阜中脱落，高渗盐水还具有刺激子宫收缩的作用。

中药治疗：用酒（市售白酒或 75% 酒精）将车前子（250 ~ 330 克）拌湿，搅匀后用火烤黄，放凉碾成粉末，加水灌服。应用中药补气养血，增加子宫活力，即用党参 60 克、黄芪 45 克、当归 90 克、川芎 25 克、桃仁 30 克、红花 25 克、炮姜 20 克、甘草 15 克煎服,黄酒 150 克作引。体温高时加黄芩、连翘、金银花;腹胀者加莱菔子,混合粉碎,开水冲浇,连渣服用。

5. 预防

为促进机体健康,增强全身张力,应适当增加并保证孕牛的运动时间;孕牛日粮中应含有足够的矿物质和维生素,特别是钙和维生素 A、维生素 D,若饲养场中胎衣不下发生率占分娩母牛的 10% 以上时,则应着重从饲养管理的角度解决问题。加强防疫与消毒,助产时应严格消毒,防止产道损伤和污染。凡由布鲁氏菌等所引起流产的母牛,应与健康牛群隔离,胎衣应集中处理。对流产和胎衣不下高发的牛场,应从疾病的角度考虑和解决问题,必要时进行细菌学检查。老年牛和高产的乳肉兼用牛临产前和分娩后,应补糖补钙(20% 葡萄糖酸钙、25% 葡萄糖各 500 毫升),产后立即肌内注射垂体后叶素 100 国际单位或分娩后让母牛舐干犊牛身上的羊水。在胎衣不下多发的牛场,牛产后及时饲喂温热益母草水。产后一般喂给温热麸皮食盐水 15~25 千克,使犊牛尽早吸吮乳汁可促使胎衣脱落。

四、流产

流产是由于胎儿或母体的生理过程发生紊乱,或它们之间的正常关系受到破坏,使妊娠中止,导致母体排出胎儿的过程。流产可发生在妊娠的各个阶段,以妊娠早期较为多见。流产所造成的损失是严重的,不仅使胎儿夭折或发育受到影响,而且还会危害母牛的健康,并引起生殖器官疾病而导致母牛不育。

1. 病因

流产的原因很多,概括起来有 3 类,即普通流产、传染性流产和寄生虫性流产,每类流产又可分为自发性流产和症状性流产。自发性流产是胎儿与胎盘发生反常或直接受到影响而发生的流产。症状性流产即流产是孕牛患某些疾病的症状或饲养管理不当的表现。

(1)普通流产 普通流产的原因很多,也很复杂。

1)自发性流产 亲本染色体异常引起胎儿死亡或畸形;胎膜及胎盘发生异常,如胎膜及胎盘无绒毛或绒毛发育不全,子宫的部分黏膜发炎变性,阻碍了绒毛与黏膜的联系,使胎儿与母体间的物质交换受到限制,胎儿不能发育;卵子或精子的缺陷导致胚胎发育停滞。

2)症状性流产　母牛的普通疾病及生殖激素分泌反常,饲养管理不当,如子宫内膜炎、阴道炎、孕酮与雌激素分泌紊乱、孕酮分泌不足、瘤胃臌胀、瘤胃弛缓及真胃阻塞、贫血、草料严重不足、维生素缺乏、矿物质不足、饲料品质不良(霜冻、冰冻、霉变、有毒饲料)、饲喂方法不当、机械损伤(碰伤、踢伤、抵伤、跌倒)等,都会引起症状性流产。

(2)传染性流产　一些传染病所引起的流产。

1)自发性流产　直接危害胎盘及胎儿的病原体有布鲁氏菌、沙门氏菌、支原体、衣原体、胎儿弧菌、病毒性腹泻病毒、结核菌等。这些病原引起的疾病均可导致自发性流产。

2)症状性流产　引起症状性流产的传染病有传染性鼻气管炎、钩端螺旋体病、李氏杆菌病等,虽然这些病的病原不直接危害胎盘及胎儿,但可以引起母牛的全身性变化而导致胎儿死亡,发生流产。

(3)寄生虫性流产

1)自发性流产　生殖道黏膜、胎盘及胎儿直接受到寄生虫的侵害,如毛滴虫病、弓形体病等。

2)症状性流产　如焦虫病、环形泰勒虫病、边虫病、血吸虫病等,这些寄生虫病可引起母牛严重贫血,继而全身受损,从而导致胎儿死亡。

2. 症状与诊断

由于流产在妊娠过程中发生的时间、原因及母牛反应不同,流产的病理过程及所引发的胎儿变化使母牛的临床症状也不同。

(1)隐性流产(即胚胎被吸收)　隐性流产发生在妊娠初期,囊胚附植前后。胚胎死亡后组织液化,被母体吸收或在母牛发情时排出,母牛没表现出任何症状。

(2)排出不足月的活胎儿(也称早产)　这类流产的预兆及过程与分娩相似,只是不像分娩那样明显,乳房没有渐进性胀大,而是在产前2~3天突然肿胀,阴唇稍有肿胀,阴门有清亮黏液排出。助产方式同分娩。应对胎儿应精心护理,注意保暖。

(3)排出死亡但未经变化的胎儿(也称小产)　是流产中最常见的一种。妊娠早期,胎儿及胎膜很小,排出时不易被发现。妊娠前期的流产,事前常无预兆,妊娠末期流产的预兆与早产相同,只是在胎儿排出前做直肠检查时发现胎儿已无心跳和胎动,妊娠脉搏变弱。

(4)延期流产(死胎停滞)　胎儿死亡后,如果阵缩微弱,子宫颈口不开或开放不全,死胎长期滞留于子宫内并发生一系列变化,如干尸化或浸溶等。胎儿干尸化和浸溶的区别在于黄体是否萎缩,子宫颈是否开放、开放的程度及微生物是否侵入。妊娠中断后,黄体不萎缩,子宫颈不开放,子宫没有微生物侵入,胎儿组织水分和胎水被吸收,胎儿变成棕黑色干尸样,即胎儿干尸化。此种情况下,只要胎儿顺利排出,预后良好。妊娠中断后,黄体萎缩,子宫颈开放,微生物入侵子宫,胎儿软组织发生气肿和分解液化,即胎儿浸溶。发生胎儿浸溶时,伴发子宫内膜炎,有可能进一步发展为败血症和腹膜炎及脓毒血症,不但预后不良,而且危及母牛的生命。

流产发生时,如果胎儿小,子宫没有细菌等病原体感染,母体全身及生殖器官变化不大,预后良好。

3. 治疗

首先应该综合分析流产的类型,确认妊娠是否能继续维持及发生流产后母牛的体况,在此基础上确定治疗原则。

(1)先兆流产 子宫颈口紧闭,子宫颈塞没有溶解,胎儿依然存活,治疗原则是保胎,肌内注射孕酮50~100毫升,每天一次,连用4天,同时给以镇静剂,如溴剂、氯丙嗪等。

(2)先兆流产的继续发展 子宫颈塞溶解,子宫颈口开放,阴道分泌物增多,胎囊已进入阴道或已破,流产在所难免。应采取措施开放子宫颈,刺激子宫收缩,尽快排出胎儿,必要时在胎儿排出后在子宫内放置抗生素。

(3)延期流产 无论是胎儿干尸化还是胎儿浸溶都应该设法尽快排出胎儿,清理子宫,宫内放置抗生素。有全身反应的牛应进行全身治疗,以消炎解毒。

4. 预防

如果牛场有流产发生,特别是经常性成批发生,应认真观察胎膜、胎儿及母牛的变化,必要时送实验室检查,做出确切诊断。对母牛及所有成年牛进行详尽地调查分析,采取有效措施,防止再次发生。

五、乳腺炎

1. 病因

(1)病原微生物感染 细菌感染是引起乳腺炎的主要原因。引起乳腺炎的病原微生物有无乳链球菌、乳腺链球菌、停乳链球菌、葡萄球菌、霉菌、病毒等。病原微生物的感染有两种途径,一种是血源性的,即细菌经血液转移而引起的感染,如患结核病、布鲁氏菌病、流行热、胎衣不下、子宫内膜炎、创伤性心包炎时,乳腺炎为这些病的继发性症状;另一种是外源性的,因乳房或乳头有外伤,牛场内环境卫生差,挤奶用具消毒不严,洗乳房的水不清洁,病原由外界进入伤口而引起感染。

(2)理化原因 机械挤乳的牛场,乳腺炎发病率较高。其原因有:机械抽力过大,引起乳头裂伤、出血;电压不稳,抽力忽大忽小;频率不定,有时过快或过慢;空挤时间过长或经常性空挤;乳杯大小不合适,内壁弹性低,机器配套不全等;机器用完未及时清刷,或刷洗不彻底,细菌滋生。手工挤乳时,没有严格地按操作规程挤奶,如挤奶员的手法不对,将乳头拉得过长或过度压迫乳头管等引起乳头黏膜的损伤导致乳腺炎。

另外,突然更换挤奶员、改变挤奶方式、日粮配合不平衡或干乳方法不正确亦可诱发乳腺炎。

2. 症状

乳腺炎根据乳汁的变化和有无临床症状分为隐性乳腺炎和临床型乳腺炎。

(1)隐性乳腺炎 病原体侵入乳房,未引起临床症状,肉眼观察乳房、乳汁无异常,但乳汁在生化及细菌学上已发生变化。

(2)临床型乳腺炎 肉眼可见乳房、乳汁均已发生异常。根据其变化与全身反应程度不同,可分为3种:

轻症:乳汁稀薄,呈灰白色,最初几把乳常有絮状物。乳房肿胀,疼痛不明显,产乳量变化不大。食欲、体温正常。停乳时,可见乳汁呈黄白色黏稠状。

重症:患区乳房肿胀、发红、发热、质硬、疼痛明显,乳汁呈淡黄色,产乳量下降,仅为正常1/3～1/2,有的仅有几把乳。体温升高,食欲废绝,乳腺上淋巴结肿大(如核桃大),健康乳区的产奶量也显著下降。

恶性:发病急,患区无乳,患区和整个乳房肿胀,坚硬如石,皮肤发紫,龟裂,疼痛极明显。泌乳停止,患区仅能挤出1～2把黄水或血水。病牛不愿行走,食欲废绝,体温高达41.5℃以上,呈稽留热,持续数天不退。心跳增速(100～150次/分)。病初期粪干,后呈黑绿色粪汤。消瘦明显。

3. 诊断

隐性乳腺炎只有在实验室检测时才可被发现,临床型乳腺炎可根据乳房的变化及乳汁的颜色、性质及全身反应确诊。

4. 治疗

治疗原则是消灭病原微生物,控制炎症的发展,改善牛的全身状况,防止败血症发生。发病率较高的牛场需查明病原体种类,应用针对性强的药物和方法,效果更好。

(1)局部治疗 患区外敷:可选用的药物有10%酒精鱼石脂、10%鱼石脂软膏、安得列斯糊剂,将药物涂布患区。

抗生素治疗:在查明病原体时应用敏感药物,在未查明病原体时可将青霉素80万国际单位、链霉素50万~100万国际单位、蒸馏水50~100毫升混合均匀,一次注入乳池内,每天2次;或用2.5%恩诺沙星10毫升注入乳池,每天2次,连用5天。

乳房基部封闭:在乳房基底部与腹壁之间,分3~4点进针8~10厘米,注射0.25%~0.5%普鲁卡因(内加青霉素80万国际单位)100~250毫升。

(2)全身治疗 青霉素200万~250万国际单位,一次肌内注射,每天2次。或按每10千克体重1毫升注射2.5%恩诺沙星,每天2次,连用5天。另外,可选择的药物还有先锋霉素、红霉素等。

根据病情,可静脉注射葡萄糖、碳酸氢钠、安钠咖,以解毒强心。

(3)中药治疗 局部热敷:当归、蒲公英、紫花地丁、连翘、大黄、鱼腥草、荆芥、川芎、薄荷、大盐、红花、苍术、通草、木通、甘草、穿山甲、大茴香,各50克,加水适量,加醋1 000毫升,煎汤至800毫升。1剂煎6次,每次温敷30~40分。

内服药物:金银花80克、蒲公英90克、连翘60克、紫花地丁80克、陈皮40克、青皮40克、生甘草30克,加白酒适量,水煎去渣,取汁内服,每天1剂。

5. 预防

(1)严格执行挤奶消毒措施 为防止病原体感染,挤奶前用50~56℃的净水清洗乳房及乳头,或用1:4 000漂白粉液、0.1%新洁尔灭液,0.1%高锰酸钾液清洗乳房。挤奶后用3%次氯酸钠液或0.3%洗必泰液或70%酒精浸泡乳头。每次挤完奶后应彻底清洗消毒挤奶机。病牛的奶应集中处理,不可乱倒。挤奶的顺序是先挤健康牛,再挤病牛。

(2)严格执行挤奶操作规程 手工挤奶应采取拳握式,乳头过短的牛可用滑下法。挤奶时用力均匀,应按"慢—快—慢"的原则。机器挤奶时,应在洗好乳房后及时装上乳杯,挤净奶后应及时正确取下乳杯,以防空挤。

(3)加强对干乳期乳腺炎的防治 干乳期乳腺炎的防治是控制乳腺炎的

有效措施,即可治疗上一个泌乳期中的隐性乳腺炎,又能降低下个泌乳期乳腺炎的发病率。停奶时,应向乳头内注射青霉素,每个乳区用20万~40万国际单位。或用苄星青霉素100万国际单位、链霉素100万国际单位、注射用水6毫升、硬脂酸铝3克、灭菌花生油20毫升,做成油乳剂,供4个乳区使用。育成牛群中如有偷吸乳头恶癖的牛,应从牛群中挑出,淘汰或戴上笼头。

第四节　常见不孕症

一、卵巢静止

卵巢静止是卵巢机能被扰乱后处于静止状态。母牛表现不发情。直肠检查,虽然卵巢大小、质地正常,表面光滑,却无卵泡发育,也无黄体存在;或有残留陈旧黄体痕迹,大小如蚕豆,较软。有些卵巢质地较硬,略小,相隔7~10天,甚至1个发情周期,再做直肠检查,卵巢仍无变化。子宫收缩乏力,体积缩小,外部表现和持久黄体的母牛极为相似,有些病牛消瘦,被毛粗糙无光。

治疗的原则是恢复卵巢功能。

1. 按摩

隔天按摩卵巢、子宫颈、子宫体1次,每次10分,4~5次1个疗程,结合注射己烯雌酚20毫克/次。

2. 药物治疗

肌内注射促卵泡激素100~200国际单位,出现发情和发育卵泡时,再肌内注射促黄体素100~200国际单位。以上两种药物都用5~10毫升生理盐水溶解后使用。

肌内注射孕马血清1 000~2 000国际单位,隔天1次,2次为1个疗程。

隔天注射己烯雌酚10~20毫克,3次为1个疗程,隔7天不发情再进行1个疗程。当出现第一次发情时,卵巢上一般没有卵泡发育,不应配种,第一次自然发情时,应适时配种。

用黄体酮注射液连续肌内注射3天,每次20毫克,再注射促性腺激素,可使母牛出现发情。

肌内注射促黄体释放激素类似物400~600国际单位,隔天1次,连续2~3次。

二、持久黄体

发情周期黄体超过正常时间(20~30 天)不消退,称为持久黄体。黄体滞留分泌孕酮,抑制卵泡发育,使母牛发情周期停止循环,引起不育。

1. 病因

饲养管理失调,饲料营养不平衡、缺乏矿物质和维生素,缺少运动和光照,营养和消耗不平衡,气候寒冷且饲料不足,子宫疾病(如子宫内膜炎、子宫积水、子宫积脓、死胎、部分胎衣滞留等)都会使黄体不能及时消退,妊娠黄体滞留,造成子宫收缩乏力和恶露滞留,进一步引起子宫复旧不全和子宫内膜炎的发生。

2. 症状

发情周期停止循环,母牛不发情,营养状况、毛色、泌乳等都无明显异常。直肠检查时一侧(有时为两侧)卵巢增大,表面有突出的黄体,有大有小,质地较硬,同侧或对侧卵巢上存在 1 个或数个绿豆或豌豆大小的卵泡,均处于静止或萎缩状态;间隔5~7 天再次检查时,在同一卵巢的同一部位会触到同样的黄体、卵泡。两次直肠检查无变化,子宫多数位于骨盆腔和腹腔交界处,基本没有变化,有时子宫松软下垂,稍粗大,触诊无收缩反应。

3. 诊断

根据临床症状和直肠检查即可确诊,但要做好鉴别诊断。妊娠黄体与持久黄体的区别:妊娠黄体较饱满,质地较软,有些妊娠黄体似成熟卵泡;持久黄体不饱满,质硬,经过2~3周再做直肠检查,黄体无变化。妊娠时子宫是渐进性的变化,而持久黄体的子宫无变化。

4. 治疗

持久黄体的医治应首先从改善饲料、管理等方面着手。目前前列腺素及其类似物是有效的黄体溶解剂。

前列腺素 4 毫克,肌内注射,或加入 10 毫升灭菌注射用水后注入持久黄体侧子宫角,效果显著。用药后 1 周内可出现发情,配种并能受孕。用药后超过 1 周发情的母牛,受胎率很低。个别母牛虽在用药后不出现发情表现,但经直肠检查,可发现有发育卵泡,按摩时有黏液流出,呈隐性发情,如果配种也可能受胎。

氯前列烯醇,一次肌内注射 0.24~0.48 毫克,隔7~10 天做直肠检查,如无效果可再注射一次。此外,以下药物也可以用于医治持久黄体。

促卵泡素 100～200 国际单位,溶于 5～10 毫升生理盐水中肌内注射,经 7～10 天直肠检查,如黄体仍不消失,可再肌内注射 1 次。待黄体消失后,可注射小剂量人绒毛膜促性腺激素,促使卵泡成熟和排卵。

肌内注射促黄体素释放激素类似物 400 国际单位,隔天再肌内注射 1 次,隔 10 天做直肠检查,如仍有持久黄体可再进行 1 个疗程。

皮下或肌内注射 1 000～2 000 国际单位孕马血清,作用同促卵泡素。

黄体酮注射液和雌激素配合应用,注射黄体酮注射液 3 次,1 天 1 次,每次 100 毫克,第二及第三次注射时,同时注射己烯雌酚 10～20 毫克或促卵泡激素 100 国际单位

三、隐性发情

隐性发情又称安静发情或安静排卵,是指发情时缺乏外表征象,但卵巢上有卵泡发育、成熟并排卵。常见于产后带仔母牛、产后第一次发情或体质瘦弱的母牛。

1. 病因

生殖激素分泌不平衡,雌激素和黄体酮比例不当;饲料营养不均衡,能量、蛋白质、维生素或微量元素等缺乏或比例不当,母牛膘情差;管理不到位,母牛缺乏光照,运动量不足。

2. 症状

母牛在发情过程中没有明显的、特征性的发情表现或表现微弱,如果不注意观察,很难发现这类母牛的发情。隐性发情是一种常见的繁殖疾病,常常因为不能及时准确判断发情而错过最佳的配种时机,影响母牛的受配率,增加了饲养成本。

3. 治疗

加强饲养管理,注意观察发情症状;通过直肠检查卵泡发育情况,有优势卵泡发育成熟,是输精的理想时机。如果卵泡处于中期,可以肌内注射促排药物,如促排 3 号 25 微克或人绒毛膜促性腺激素 2 000 国际单位,过 6～8 小时直肠检查看是否排卵,如果没有排卵,可以再次跟踪输精。

四、卵泡萎缩及卵泡交替发育

卵泡萎缩及卵泡交替发育都是卵泡不能正常发育、成熟、排卵。

1. 病因

卵泡萎缩及卵泡交替发育主要是受气候与温度的影响,肉牛长期处于寒冷地区,饲料单纯,营养成分不足会导致该病发生;运动不够也能引起该病。

2. 症状

卵泡萎缩:在发情开始时,卵泡的大小及外在发情表现与正常发情一样,但卵泡发育缓慢,中途停止发育,保持原状 3~5 天,以后逐渐缩小,波动及紧张度也逐渐减弱,外在发情症状逐渐消失。发生萎缩的卵泡可能是 1 个或 1 个以上,可发生在一侧或两侧。因为没有排卵,卵巢上也没有黄体形成。

卵泡交替发育:一侧卵巢原来正在发育的卵泡停止发育并开始逐渐萎缩,而在对侧或同侧卵巢上又有数目不等的卵泡出现并发育,但发育不成熟时又开始萎缩,如此循环往复。其最后结果是其中 1 个卵泡发育成熟并排卵,暂无新的卵泡发育。卵泡交替发育的外在发情表现随卵泡发育的变化而有时旺盛或微弱,呈断续或持续发情,发情期拖延 2~5 天,有时长达 9 天,一旦排卵,1~2 天即停止发情。

卵泡萎缩和卵泡交替发育需要多次直肠检查,并结合外在发情表现才能确诊。

3. 治疗

(1)促卵泡激素　肌内注射 100~200 国际单位,每天或隔天 1 次,可促进卵泡发育、成熟、排卵。人绒毛膜促性腺激素对卵巢上已有的卵泡具有促进成熟、排卵并生成黄体的作用,与促卵泡激素结合使用效果更佳。人绒毛膜促性腺激素肌内注射需 5 000 国际单位,静脉注射只需 3 500 国际单位。

(2)孕马血清　肌内注射 1 000~2 000 国际单位,作用同促卵泡激素。

(3)加强饲养管理　增加放牧和运动时间,提供均衡合理的饲料,改善环境卫生,加强通风换气。

五、卵巢萎缩

卵巢萎缩是指卵巢体积缩小,机能减退。有时发生在一侧卵巢上,也有同时发生在两侧卵巢上的,表现为发情周期停止,长期不发情。卵巢萎缩大都发生于体质衰弱牛(如发生的全身性疾病、长期饲养管理不当)和老年牛,黄体囊肿、卵泡囊肿或持久黄体的压迫及患卵巢炎同样也会造成卵巢萎缩。

1. 症状

临床表现为发情周期紊乱,极少出现发情和性欲,即使发情,表现也不明显,卵泡发育不成熟、不排卵,即使排卵,卵细胞也无受精能力。直肠检查时,卵巢缩小,仅似大豆或豌豆大小,卵巢上无黄体和卵泡,质地坚硬,子宫缩小、弛缓、收缩微弱。间隔1周,经几次检查,卵巢与子宫仍无变化。

2. 治疗

治病原则是年老体衰者淘汰,有全身疾病的及时治疗原发病,加强饲养管理,增加蛋白质、维生素和矿物质饲料的供给,保证足够的运动,同时配合以下不同药物治疗。

1)促性腺释放激素类似物 肌内注射1 000国际单位,隔天1次,连用3天,接着肌内注射三合激素4毫升。

2)人绒毛膜促性腺激素 肌内注射10 000~20 000国际单位,隔天再注射1次。

3)孕马血清 肌内注射1 000~2 000国际单位。

六、排卵延迟

1. 病因

排卵延迟主要原因是垂体分泌促黄体素不足,激素的作用不平衡;其次是气温过低或突变,饲养管理不当。

2. 症状

卵泡发育和外表发情表现与正常发情一样,但成熟卵泡比一般正常排卵的卵泡大,所以直肠触摸与卵巢囊肿的最初阶段极为相似。

3. 治疗

排卵延迟的治疗原则是改进饲养管理条件,配合以下药物治疗。

(1)促黄体素 肌内注射100~200国际单位。在发现发情症状时,肌内注射黄体酮注射液50~100毫克。对于因排卵延迟而屡配不孕的牛,在发情早期可应用雌激素,晚期可注射黄体酮注射液。

(2)促性腺释放激素类似物 于发情中期肌内注射400国际单位。

七、卵巢囊肿

卵巢囊肿分为卵泡囊肿和黄体囊肿两种。

1. 卵泡囊肿

卵泡囊肿是由于未排出的卵泡上皮变性,卵泡壁结缔组织增生,卵细胞死亡,卵泡液不被吸收或增多而造成的。卵泡囊肿占卵巢囊肿70%以上,其特征是无规律频繁发情或持续发情,甚至出现慕雄狂。慕雄狂是卵泡囊肿的一种症状,其特征是持续而强烈的发情行为,但不是只有卵泡囊肿才引起的,也不是卵泡囊肿都具有慕雄狂的症状。卵泡囊肿有时是两侧卵巢上卵泡交替发生,当一侧卵泡挤破或促排后,过几天另一侧卵巢上卵泡又开始发生囊肿。

(1)病因 卵泡囊肿主要原因是垂体前叶所分泌的促卵泡激素过多,或促黄体素生成不足,使排卵机制和黄体的正常发育受到了干扰,卵泡过度增大,不能正常排卵,卵泡上皮变性形成囊肿。从饲养管理上分析,日粮中的精饲料比例过高,缺少维生素 A;运动和光照减少,诱发舍饲泌乳牛发生卵泡囊肿;不正确地使用激素制剂(如饲料中过度添加或注射过多雌激素),胎衣不下、子宫内膜炎及其他卵巢疾病等引起卵巢炎,使排卵受到干扰,也可伴发卵泡囊肿。有时也与遗传基因有关。

(2)症状 病牛发情表现反常,发情周期缩短,发情期延长,性欲旺盛,特别是出现慕雄狂的母牛,经常追逐或爬跨其他牛,由于过度消耗体力,体质瘦削,毛质粗硬,食欲逐渐减少。由于骨骼脱钙和坐骨韧带松弛,母牛尾根两侧处凹陷明显,臀部肌肉塌陷。阴唇肿胀,阴门中排出数量不等的黏液。直肠检查:卵巢上有 1 个或数个大而波动的卵泡,直径可达 2~3 厘米,大的如鸽蛋,卵泡壁略厚,连续多次检查可发现囊肿交替发生和萎缩,但不排卵;子宫角松软,收缩性差。长期得不到治疗的卵泡囊肿病牛可能并发子宫积水和子宫内膜炎。

(3)治疗 卵泡囊肿的病牛,提倡早发现早治疗,发病 6 个月之内的病牛治愈率为 90%,1 年以上的治愈率低于 80%,继发子宫积水等的病牛治疗效果更差。一侧多个囊肿,一般都能治愈。在治疗的同时应改善饲养管理条件,否则治愈后易复发。

1)促黄体素 肌内注射 200 国际单位。用后观察 1 周,如效果不明显,可再用 1 次。

2)促性腺释放激素类似物 肌内注射 0.5~1 毫克。治疗后,产生效果的母牛大多数在 12~23 天发情,基本上起到调整母牛发情周期的效果。

3)人绒毛膜促性腺激素 静脉注射 10 000 国际单位或肌内注射 20 000 国际单位。

4)黄体酮 对出现慕雄狂的病牛可以隔天注射黄体酮注射液 100 毫克,2~3 次,症状即可消失。

5)地塞米松 在使用以上激素效果不显著时可肌内注射 10~20 毫克地

塞米松,效果较好。

2. 黄体囊肿

黄体囊肿是未排出的卵泡壁上皮黄体化,黄体囊肿在卵巢囊肿中约占25%。

(1)症状 黄体囊肿的临床症状是不发情。直肠检查可以发现卵巢体积增大,多为1个囊肿,大小与卵泡囊肿差不多,但壁较厚而软,不紧张。黄体囊肿母牛血浆孕酮浓度比一般母牛正常发情后黄体高峰期的孕酮浓度还要高,促黄体素浓度也比正常牛的高。

(2)治疗 参照持久黄体的治疗。

第五节 常见呼吸道疾病

一、多杀性巴氏杆菌病

1. 流行病学

多杀性巴氏杆菌是牛呼吸道的常在菌,革兰阴性,短杆菌。牛在健康状态时,下呼吸道通过机械性、细胞性和分泌性的防御机制阻止该细菌在下呼吸道的繁殖;当下呼吸道的这些防御机制受损时,多杀性巴氏杆菌便可成为条件致病菌,独立或者与其他致病微生物混合感染,引起呼吸道和肺部的病变。任何年龄的牛均可发生,犊牛比成牛更易发生,症状也更明显且严重,特别是断奶犊牛。管理不佳的牛群(如通风不良、有贼风、潮湿、闷热、拥挤、长途运输、转群或新入群、初乳缺乏等)多发,且呈急性群发,发病率可达10%~50%。有的地方称该病为地方性肺炎,这也说明在有的牛群中,多杀性巴氏杆菌呈急性流行或地方性流行。多杀性巴氏杆菌既是原发性病原菌,也常继发于其他传染病。牛多杀性巴氏杆菌病的急性型常以败血症和出血性炎症为主要特征,所以过去又叫出血性败血症;慢性型常表现为皮下结缔组织、关节及各脏器的化脓性病灶,并多与其他疾病混合感染或继发。

2. 症状

急性发病牛表现为败血型、水肿型和肺炎型3种症状:

(1)败血型 病牛体温升高(41~42℃),精神委顿、食欲不振、心跳加快,常来不及查清病因和治疗,牛就死亡了。

(2)水肿型 除有体温升高、不吃食、不反刍等症状外,病牛最明显的症状是头颈、咽喉等部位发生炎性水肿,水肿还可蔓延到前胸、舌及周围组织,病牛常卧地不起,呼吸极度困难,甚至窒息死亡。

(3)肺炎型 病牛主要表现为体温升高(39.7~40.8℃),沉郁、湿咳、呼吸频率和呼吸深度增加(呼吸困难),轻度到重度厌食,泌乳牛奶产量的下降程度与厌食程度相当。急性发病时,在两肺前腹侧可听到干啰音和湿啰音,背侧肺区一般正常,鼻漏呈浆液性或脓液性。未吃初乳的新生犊牛感染多杀性巴氏杆菌还可以引起急性败血症,症状除典型的急性肺炎症状外,还会出现脑膜炎、脓毒性关节炎和眼睛色素层炎,眼鼻分泌脓性分泌物。

有些急性病例会转成慢性,慢性肺炎病例症状类似于急性病例,在两肺前腹侧可听到显示肺实变的支气管啰音。慢性肺炎病例在饲养条件改变(如换气不良、有贼风、低温、闷热等)时,会出现呼吸频率加快、呼吸困难,还会继发化脓放线菌感染。

3. 病理变化

急性死亡病例的病理剖检可见双肺尖叶、心叶腹侧区域质地坚实,呈红色或蓝色,有的病例胸膜壁层和脏层会有纤维素覆盖。慢性病例有类似的肺炎病变,同时还有支气管扩张和肺脓肿。血液血象检测,显示白细胞增多,中毒性白细胞增多,病核左移。轻度病例的血象可能正常。

4. 诊断

根据发病史、临床症状、肺部听诊可以做出初步诊断,要确诊还需要采取气管洗液样品、咽喉拭子或尸检样品到实验室检测。有急性死亡病例,也可以剖检尸体,但需要兽医做好防护,并做好尸体的无害化处理。实验室的检测包括细菌培养、PCR检测。也可以采取发病第一和第十四天的双份血清,做血清抗体滴度比较,以确诊和验证诊断结果,追溯病原体。

5. 治疗

抗生素治疗、改善环境和加强饲养管理是最有效的措施。

有多种抗生素可以用来治疗该病,包括氨苄青霉素、头孢噻呋、红霉素、替米考星、磺胺类药物等。要取得好的治疗效果,需要做抗菌敏感试验,选择敏感药物。治疗过程中要及时监护牛的体温和体况,治疗的效果以24小时和48小时体温变化和体况改变为依据。治疗有效时,体温应该每天降低0.5~1.0℃,72小时后降至正常,体况、食欲、呼吸困难的程度应该有相应的改善;效果不佳时应该更换抗生素。抗生素至少要使用3天,最好用5~7天,以彻底杀菌,确保疗效。

6. 预防

在防治多杀性巴氏杆菌引起的牛肺炎时,改善管理和通风问题,使牛得到新鲜空气比用药更重要,因为该致病菌是条件致病菌,诸多不利因素(如氨气等)是先破坏了上呼吸道的防御机制才到达下呼吸道的。疾病发生后,一定要做到加强空气流通、注意防寒保暖、防止贼风入侵、降低湿度、加装风扇、清除粪污、减少饲养密度、确保初乳的供应、做好运输前保健、加强转群前的驱虫和保健,消除不良因素的刺激。

兽医还要注意病牛对所经历的治疗反应速度如何,如果反应慢,在药物试验敏感的情况下,病牛感染的可能不止一种病原体,即多杀性巴氏杆菌不是唯一的病原体。

二、溶血性巴氏杆菌病

1. 流行病学

溶血性巴氏杆菌是牛呼吸道的常在菌,革兰阴性,短杆菌,以非致病性的血清型 2 型存在,但不像多杀性巴氏杆菌那样能经常从健康牛上呼吸道中分离出来。血清型 2 型在应激因素作用下可以转化为有致病性的 1 型,具有较强的毒性。溶血性巴氏杆菌有荚膜,比多杀性巴氏杆菌的致病性强,作为原发病原菌,可引起呼吸道疾病,是牛运输综合征的主要病原体之一,牛群发病率和死亡率都比多杀性巴氏杆菌高。与多杀性巴氏杆菌的致病条件一样,饲养管理不佳的牛群多发,常在应激因素存在后的 7 ~ 15 天发病。任何年龄的牛均可发生,犊牛比成牛更易发生,症状也更明显且严重,特别是断奶犊牛。

2. 症状

急性症状有发热(40.0 ~ 41.7℃,有的可达 42.2℃)、沉郁、厌食、痛性湿咳、呼吸频率和呼吸深度增加(甚至呼吸困难)、流涎、流鼻液。在两肺前腹侧可听到干啰音或湿啰音、支气管音,有时还可以听到胸腔摩擦音,肺实质25% ~75% 出现实变时,则听不到声音。中轻度病例背侧肺区听诊可能无异常,重度病例由于病变区域大,背侧肺区需要代偿呼吸,活动过度,会出现肺间质水肿、大泡性肺气肿,有的还继发皮下气肿,气管听诊可听到粗粝的呼噜声或气泡声,触诊肋间,病牛表现疼痛、呻吟、张嘴呼吸(混合型困难)。

3. 病理变化

急性死亡病牛的病理剖检可见双肺尖叶、心叶腹侧区域质地坚实,肉样,质脆,胸膜壁层和脏层有的均有纤维素覆盖。胸腔积液,液体呈黄色或红黄色。肺实质实变严重的急性病例或慢性病例,肺背侧部出现大泡样肺气肿或间质性水肿,皮下气肿。

4. 诊断

充分了解病牛是否经历过运输、换群、断乳,近期是否有天气的剧烈变化、饲养密度是否过大、厩舍是否通风不良等情况,根据临床症状、肺部听诊可以做出初步诊断。要确诊还需要采取气管洗液样品、咽喉拭子或尸检样品到实验室进行检测。实验室检测包括细菌培养、PCR 检测。也可以采取发病第一和第十四天的双份血清,做血清抗体滴度比较,以确诊和验证诊断结果,追溯病原体。

5. 治疗

与多杀性巴氏杆菌病的治疗方法相同,抗生素治疗、改善环境和加强饲养管理是最有效的措施。所不同的是,溶血性巴氏杆菌具有强抗药性,而且抗药谱广。同时,病变部位面大且坚实,脓液浓稠,药物达到病变部位受阻或者在病变部位达不到抑菌浓度,使得在体外敏感试验能抗菌的药物也起不到很好的治疗作用或作用不佳,杀菌药物的选择受限,治疗的效果不好。提醒兽医在选择药物时要选择广谱抗生素,尽量使用敏感药物,还应注意药物的剂量、投药方式和次数。

对张口呼吸、严重呼吸困难、肺水肿的病例,可以使用阿托品,以减少支气管黏膜的分泌(每45 千克体重肌内注射2.2 毫克)。

该病预后要谨慎,24～72 小时临床症状得以改善的病例预后良好。

三、昏睡嗜血杆菌病

1. 流行病学

昏睡嗜血杆菌为非上呼吸道常在菌,但偶尔会在呼吸道分离出该菌,革兰阴性,多形性小型球杆菌,在体外存活时间很短。实验证明该菌是牛下呼吸道病原微生物,可以单独致病,也可以与其他呼吸道病原微生物混合感染或联合致病,在正常呼吸道菌群改变或有其他病原微生物存在时更容易造成下呼吸道的感染。本病主要以育肥牛发病为主。

2. 症状

牛昏睡嗜血杆菌能感染牛多个部位,包括呼吸道、生殖道、脑脊髓、心脏、关节等,症状多样。因感染部位不同呈现不同病理过程,如关节肿大、阴道炎、子宫内膜炎、不孕、流产,带菌犊牛体弱或发育障碍等。牛昏睡嗜血杆菌性支气管炎与中轻度溶血性巴氏杆菌性肺炎或中重度多杀性巴氏杆菌性肺炎的症状不易区别,都是发热(39.7~41.4℃)、精神沉郁、食欲减退、流鼻液、偶尔流涎,痛性湿咳、呼吸频率和呼吸深度增加(40~80次/分),奶产量下降。在两肺前腹侧可听到支气管音、干啰音或湿啰音。有些病牛因呼吸困难而表现焦躁不安,不愿走动,育肥牛会出现神经症状(跛行、蹒跚、强直或角弓反张、运动失调、肌肉震颤、感觉过敏等)和败血症症状。

3. 病理变化

肺炎时肺部的变化与巴氏杆菌相似。在一些牛巴氏杆菌病病例中,牛昏睡嗜血杆菌可能是主要并发病原菌,但生长较快的巴氏杆菌和抗生素治疗会掩盖生长较慢但毒力更强的牛昏睡嗜血杆菌。有神经症状的牛会有血栓性脑脊髓炎或脑脊髓出血性坏死,典型病例病牛脑膜出血、脑切面有出血性坏死软化灶。

4. 诊断

由于昏睡嗜血杆菌性肺炎时肺部的变化与巴氏杆菌相似,单纯依靠症状和病理变化不能确诊,虽然血栓性脑脊髓炎病例的脑内出血性坏死灶具有诊断价值,但还是由病变组织分离细菌确诊比较准确。另外,标准的广谱抗生素治疗无效可以说明昏睡嗜血杆菌性肺炎可能性大。

5. 治疗

敏感药物是氨苄青霉素(11~22毫克/千克体重,肌内注射)、头孢菌素、恩诺沙星等,注射24~72小时体温降至正常范围。

6. 预防

改善饲养管理条件,加强通风换气。

四、支原体性肺炎

1. 流行病学

支原体是一些牛上呼吸道常在菌,革兰阴性。支原体引起牛的呼吸道疾病也称传染性胸膜肺炎,病原体是丝状支原体,传播途径是处于排毒期的病牛通过飞沫把病原体传播给临近的易感牛。犊牛慢性肺炎分离到支原体的病例占50%,而且分离到支原体的肺炎病例很少是单一病原,大多会同时感染的病原体有溶血性巴氏杆菌、多杀性巴氏杆菌、昏睡嗜血杆菌、化脓放线菌、化脓棒状杆菌和呼吸道病毒等。支原体性肺炎严重时大面积爆发,发病率达60%以上。

2. 症状

感染牛临床症状表现差异很大,流行的同一时间可以存在急性型、亚急性型、慢性型等不同表现的病例。感染支原体的老龄牛很少表现肺炎症状,犊牛感染常会导致关节受损。急性病例的临床症状有发热、嗜睡、食欲减退及痛咳。痛咳姿态表现为颈部向前下方伸直,四肢外展,嘴角张开,舌头伸出,鼻与口腔有不洁分泌物。孕牛可能会流产,流产胎液中含有大量支原体。支原体单独引起的犊牛肺炎症状轻微,低热(39.7~40.6℃),轻度沉郁,食欲正常,早晨有少量脓性鼻涕,仅在运动时出现干咳,呼吸频率轻度增加(40~60次/分),犊牛典型的症状是纤维素性滑液囊炎引发的单侧关节肿胀(前肢腕关节多发)。混合感染时症状与所感染的其他微生物相关,症状相似,用相关药物治疗效果较差。在用敏感药物治疗肺炎时,如果治疗效果差,就要怀疑病例是否混合感染有支原体。慢性肺炎病例通常同时存在溶血性巴氏杆菌、多杀性巴氏杆菌、昏睡嗜血杆菌中的一个或多个病原。

3. 病理变化

支原体单一病原引发的肺炎,尸体剖检时可见肺心叶和尖叶的腹侧外观臌胀不全,呈红色、灰色、蓝色实变,病变处坚实,呈大理石样病变,间质水肿或有纤维素样沉积,切面有脓样液体流出,病变组织与健康组织有明显界限。纵隔淋巴结肿大、水肿,肾有梗死现象(少见)。胸腔充满大量淡黄色的炎性液体,液体中存在纤维蛋白碎片,胸膜可见局限性或弥漫性病变,呈煎蛋样。有混合感染时,肺的病理变化更为严重和多样。由于支气管周围出现淋巴样细胞增生,并随时间延长而扩大,组织病理呈现套袖样增生(套袖样肺炎)。

4. 诊断

根据发病群体临床症状和病史可以初步诊断,确诊要依靠气管冲洗液或尸体剖检样品的微生物培养和 PCR 检测。

5. 治疗

纯支原体感染时,有效药物有盐酸土霉素(肌内注射11.0~17.6毫克/千克体重)、红霉素(肌内注射5.5毫克/千克体重)、泰乐菌素、替米考星。对断奶犊牛可以拌料口服治疗。

当病料样品中有支原体与溶血性巴氏杆菌、多杀性巴氏杆菌、昏睡嗜血杆菌同时被分离或检测出来时,抗菌治疗首先要针对细菌性病原,挑选药物敏感性实验能同时抗几种病原的药物。在实践中,如果使用针对细菌敏感的药物,同时改善管理因素,无须治疗支原体,犊牛也可以恢复。

另外,合并感染的细菌性病原体还有肺炎球菌、链球菌、葡萄球菌、化脓杆菌、副伤寒杆菌、霉菌孢子等,在诊断和治疗时要加以考虑。

五、牛传染性鼻气管炎(IBR)

1. 流行病学

牛传染性鼻气管炎病原为Ⅰ型疱疹病毒。潜伏期3～7天。病毒会以多个型感染多个部位,包括呼吸道型(BHV-Ⅰ.1,上呼吸道感染和气管炎)、脑炎型、结膜型、生殖道型(BHV-Ⅰ.2,侵害生殖道后段,引起传染性脓包性外阴阴道炎、流产)、败血型(BHV-Ⅰ.3,以新生犊牛脑炎和舌的局灶性斑状坏死为特征)。呼吸道型传播的主要途径是鼻腔或眼的分泌物,通过空气传播,最为常见,可以单发,也常与结膜型联合发生。流产可以出现在各个型中,迟发,在急性病例流行后数周(4～8周)出现。脑炎型常感染3月龄以下且没有获得有效抵抗该病毒被动型抗体(初乳获取不足)的犊牛。污染牛场常只出现一个主类型。研究还发现,有些牛具有抗牛传染性鼻气管炎的遗传因素,因为这些牛具备抗Ⅰ型干扰素基因。

与其他的疱疹病毒感染特点一样,被感染过的牛呈隐性感染,病毒隐匿在三叉神经节中,当有应激因素(分娩、传染性疾病、运输应激、皮质激素的使用等)存在时,病毒会脱落,侵袭机体,引发疾病。自然发病或免疫接种产生的有效抗体存在时间较短(免疫性持续时间短),只有6～12个月。

2. 症状

牛传染性鼻气管炎也称红鼻病,呼吸型多发生于6月龄以上的牛,临床症状表现差异较大,6月龄至2岁的青年牛发病时症状最为严重。该病分温和型、亚急性型、急性型和最急性型。急性型表现:高热(40.6～42.2℃),呼吸频率加快(40～80次/分),沉郁,厌食,大量浆液性鼻液,感染72小时后鼻液黏稠,黏液脓性,痛咳,鼻镜出现坏死痂,鼻黏膜、鼻中隔黏膜、外鼻孔和鼻镜处可见白色斑块,鼻黏膜和口腔黏膜有时出现溃疡,能闻到坏死气味。听诊时可听到粗粝的气管啰音,有时这样的啰音会遍及整个肺,偶尔有支气管炎或细支气管炎发生或肺部病变。

呼吸型的典型特征:一是突然暴发呼吸道疾病,逐渐波及不同年龄段的牛群,因病毒毒力、感染水平和感染程度的不同,病期短则几周,长则数月。二是感染后2～3周发病率达到高峰,4～6周发病率明显下降,死亡率10%以上。

急性感染期或急性发病后4～8周可能出现流产,怀孕任何月份的胎儿都会死亡,流产多数发生在怀孕中期或后3个月。结膜型与呼吸道型经常同时发生。结膜型病例有严重的结膜炎,可以是单侧,也可以是双侧,出现浆液性渗出物,2～4天后转为黏液脓性渗出物,睑结膜出现白斑,有些病牛出现角膜周边水肿,但不出现溃疡。在成牛暴发牛传染性鼻气管炎(IBR)期间或急性发病之后,新生犊牛偶尔出现脑炎型IBR或在舌的腹侧面出现坏死斑。

3. 病理变化

I型疱疹病毒通过损伤纤毛运输机制、黏膜层直接感染肺泡巨噬细胞,降低下呼吸道的物理和细胞防御机制,特别是出现混合感染时,会出现下呼吸道防御机能的多重损伤和免疫抑制。单发病例死亡率低,当有混合感染时,特别是并发牛病毒性腹泻病毒病(又称黏膜病,BVDV)时,死亡率可能很高。

鼻镜出现坏死痂,睑结膜、鼻黏膜、鼻中隔黏膜、外鼻孔和鼻镜处可见白色斑块,白色斑块的组织病理为黏膜固有层淋巴细胞和浆细胞聚集。尸检时可见喉和气管内有黏液脓性渗出物或纤维素性伪膜和溃疡。

4. 诊断

根据流行性、病史、发热等症状,如鼻镜出现坏死痂、鼻镜及鼻黏膜出现特异性白斑等可做出初步诊断。要确诊,仍要到实验室分离病毒,或用急性病例(发病7天之内)的黏膜病变或白斑刮取物进行PCR检测。

5. 治疗

单纯IBR无有效治疗方法,一般7～10天后逐渐恢复,但并发或继发病毒、细菌或支原体感染时需抗生素对症治疗。常用的抗生素有:青霉素、链霉素、土霉素、氨苄青霉素、甲氧苄氨嘧啶等。另外,还有一类药物对疱疹病毒有较好的杀灭作用,但毒性较大。药物无环鸟苷(阿昔洛韦)比较安全。

6. 预防

合理的免疫接种能起到较好的防疫作用。牛群采取自繁自养方式扩群。只引进IBR检测阴性的牛。因为存在隐性感染,临床正常的牛可能检测不到病毒。判断牛群是否感染IBR的唯一方法是对未免疫牛群的牛奶和血液进行抗体检测。检测单个牛没有意义,需要对牛群进行检测,可抽检多头、各年龄段、多批次样本。检测结果阳性说明已经感染,检测结果阴性不能说明没有感染,即不能排除隐性感染,只有反复多次检测多头牛,结果均呈阴性才可以表明牛群没有感染IBR。减少应激。严格控制进出场的人员与车辆,加强环境消毒。

六、牛呼吸道合胞体病毒病(BRSV)

1. 流行病学

牛呼吸道合胞体病毒为副黏病毒科的肺炎病毒,是目前犊牛及成牛最重要的呼吸道病原之一,发病率高,但单独发生时死亡率低。

2. 症状

急性牛呼吸合胞体病毒病(BRSV)的临床症状变动范围在不明显到暴发范围内,急性暴发牛场,在1周内牛群会有较高的发病率,表现为发热(40.0~42.2℃)、沉郁、厌食、流涎、流浆液性至黏液性鼻液,呼吸困难程度表现为单纯性呼吸频率加快(40~80次/分)至张口呼吸,部分牛的背部皮下可触摸到皮下气肿,搓捻时有捻发音,特别是肩峰处。肺部听诊时可听到多种声音:支气管水泡音、支气管音,在继发细菌感染引发支气管肺炎时会产生啰音。

严重的病例,表现为呼吸困难,但肺部听诊呈弥漫性宁静(听不到声音),这是由肺间质弥漫性水肿和气肿压迫小气道,使肺的通气量减少造成的。

发生增生性肺炎时,小气道被闭塞或减少,如果继发细菌感染性肺炎,支气管呼吸音或啰音可在肺前腹部听到,而肺背部和后部因机械性过劳增加了水肿和气肿的程度,听到呼吸音。这时牛呼吸困难明显,甚至张口呼吸,伴随呼吸可听到"嗯嗯"声或呻吟声。

BRSV有时呈双相性,刚发病时出现轻度或比较严重的症状(第一相),随后数天有症状明显改善,在初次改善后的数天或数周突然出现急性严重的呼吸困难(第二相),第二相的呼吸困难是由于抗原-抗体复合物介导的疾病或是下呼吸道的超敏反应。第二相出现,常会导致死亡。

3. 病理变化

该病毒不感染巨噬细胞,但会改变巨噬细胞的功能,缩短淋巴细胞的生活周期,抑制淋巴细胞的反应性,可破坏黏液运输机制,也可通过抗原-抗体复合物与补体结合导致下呼吸道损伤。目前,传染途径不清楚,病毒是潜伏在健康牛群中还是由外界带入的,有待进一步探讨。死亡病例的解剖可见明显的肺间质弥漫性水肿和气肿,水肿和气肿区域的后、背侧肺区有散在的实变,这是BRSV的特异性病变。

4. 诊断

根据临床症状可做出初步诊断,特别是急性发作时,牛出现的高热、皮下气肿、肺部听诊弥漫性宁静、呼吸困难等。多种疾病都有相似的症状,实验室诊断是唯一确诊方法。可以采取咽部拭子、鼻咽拭子、剖检的肺样品,进行 PCR 病原检测。需要说明的是,BRSV 病毒在组织中停留的时间很短,需要在疾病的早期阶段采取样品。对一些饲养贵重牛或种牛的牛场,可以在病牛康复后对牛群做回顾性诊断,需要采取发病第一天和第十四天的血清,做抗体滴度测定。初乳抗体不能防止 BRSV 感染。

5. 治疗

没有特效治疗方法,对症治疗。

七、牛副流感病毒病

1. 流行病学

牛副流感病毒病是由副流感病毒 3 型引起的,除继发细菌感染,一般为轻型病理过程,除非继发细菌感染。

2. 症状

发热(40.0~41.7℃)、沉郁、厌食、鼻和眼有浆液性分泌物,呼吸频率增加(40~80 次/分),肺部听诊可听见肺下部支气管啰音,少见死亡,一般 7 天后恢复。

3. 病理变化

病毒感染犊牛上呼吸道和下呼吸道,并进一步破坏纤毛上皮细胞、黏膜层、黏液纤毛运输和感染肺泡巨噬细胞,引起支气管炎和细支气管炎,细小呼吸道充满脓性渗出物。

4. 诊断

副流感病毒病没有特异性症状,实验室检测病原是唯一确诊的方法,采取病理样品需要在急性发病期,否则也可能检测不到病原。也可以采取双份血清辅助诊断。牛死后病理解剖可能因为继发感染细菌肺炎而复杂化,可能因为采样的时机不对而影响检测结果。

5. 治疗

没有特效治疗方法,对症治疗。

八、牛病毒性腹泻病毒病

1. 流行病学

牛病毒性腹泻病毒是黄病毒科瘟疫病毒,可引起牛的多种临床症状和病变,发热、黏膜溃烂、腹泻、流产或繁殖障碍、先天畸形,感染怀孕 40~120 天的胎儿造成持续感染和其他症状。在患呼吸道病的牛的下呼吸道也能分离到该种病毒,被认为是呼吸道病毒,具有明显的肺致病性,但不引起主要的呼吸系统疾病。

2. 症状

急性感染期,出现高热(41.1~42.2℃)、沉郁。因为高热而出现呼吸加快(40~60次/分),肺听诊正常或轻度支气管水泡音。如果没有继发细菌感染,肺部症状很轻微。

3. 病理变化

急性发病7~14天或直到康复期间的牛或持续感染的牛均会出现严重的免疫抑制,病毒对嗜中性粒细胞、巨噬细胞和淋巴细胞的功能都有不良影响,外周血液中出现白细胞减少现象,体液和细胞介导的淋巴细胞机能被抑制,感染细菌、支原体和其他嗜呼吸道病毒的风险增加。急性发病7~14天后逐渐出现严重的黏膜损伤和腹泻,这个阶段如果没有细菌继发感染肺部,肺的病变很轻微或肉眼可见正常。只有对肺部病料进行病毒分离或采用PCR技术检测可以确诊。

4. 治疗

合理的免疫接种能起到较好的防疫作用,牛群采取自繁自养方式扩群,只引进IBR检测阴性的牛,没有特效治疗方法,对症治疗。

九、胎生网尾线虫病(肺丝虫病)

1. 流行病学

成虫寄生在气管和支气管,虫卵在气管孵化,或经吞咽进入消化道,在排出前的粪便中孵化,发育成第三期感染性幼虫仅需5天。牛食入被污染的饲草或褥草,进入肠道的幼虫穿过肠壁定居肠系膜淋巴结,1周后发育成第四期幼虫,通过淋巴管或血管移行到肺脏。幼虫到达支气管后发育成最后的第五期幼虫,并在这里发育成成虫。幼虫从进入体内到发育成产卵成虫需要约4周(潜伏期)。

2. 症状

原发感染有不同程度的呼吸困难,典型的深咳,整个肺区都可以听到弥漫性湿啰音或爆裂音。感染严重的牛,呼吸困难,明显地努力呼吸甚至张口呼吸、咳嗽。在肺丝虫病流行的牛场,成牛具有抗肺丝虫的免疫性,但免疫性可能不完全或不能克服严重感染,再次感染时,幼虫可以达到肺部,并通过免疫介导引起呼吸道症状(频咳、深咳、呼吸加快、奶产量下降),肺部没有啰音。症状经常发生在再次感染后的14~16天。

3. 诊断

根据发病史和物理检查可以初步诊断,群发、体弱、深咳、湿咳和整个肺区的湿啰音是特征性症状。血液学检测可见嗜酸性细胞增多。气管冲洗物镜检可见虫卵、幼虫、嗜酸性细胞,解剖死亡病例时呼吸道内可见成虫。继发细菌感染病例会见到气管炎、支气管肺炎,慢性病例还可见慢性支气管炎、支气管扩张和继发性闭塞性细支气管炎。

肺丝虫等呼吸道寄生虫感染有时不表现症状,但虫体或其代谢物会损伤呼吸道黏膜,改变呼吸道黏膜功能和正常菌群,引起病原微生物的定植和异常繁殖,引发其他呼吸道疾病。

4. 治疗

有效药物有硫酸左旋咪唑(口服8毫克/千克体重),苯硫咪唑(口服5毫克/千克体重),阿苯达唑(口服10毫克/千克体重),伊维菌素(肌内注射或口服毫克/千克体重)。

在治疗确诊的、有呼吸道症状的呼吸道寄生虫病时,要进行抗菌的预防性治疗,抗生素药物能防止细菌继发感染,但不能减轻呼吸困难和咳嗽。二次感染呼吸道寄生虫时会出现免疫介导反应,使用左旋咪唑注射液效果更好。

5. 预防

病牛要隔离治疗。患病的牛治疗后不能立即放回原牛群(污染圈舍),因为这些牛还会继续排出感染性幼虫。污染圈舍的粪污要集中堆积、发酵,以消杀虫卵。

第六节 其他常见病

一、犊牛腹泻

犊牛腹泻是目前养殖中常见疾病,出生2~60天的犊牛均可发生,是当前犊牛多发病之一,尤其在冬春季节。犊牛腹泻一旦发生,很容易造成大批感染,如果不及时治疗,犊牛死亡率会高达50%以上。犊牛腹泻不仅影响犊牛健康,影响愈后发育、使犊牛生长缓慢、发育不良、推迟初产年龄、降低优质畜产品生产,甚至导致犊牛死亡,而且还会增加饲养成本等。引起犊牛腹泻的原因比较复杂,有病毒和致病菌引起的腹泻,也有饲养管理不当引起的腹泻。

刚出生的犊牛肠道处于无菌状态,犊牛开始吃初乳后,环境中的细菌均有机会进入犊牛消化道,胃肠道的细菌部分被初乳中的抗体中和,部分为pH不断下降的皱胃环境所杀灭,大肠杆菌属、乳酸杆菌属、肠粪球菌属、芽孢菌属等能定植并成为优势菌群。在犊牛3日龄前,各种引起皱胃环境pH上升的因素(过食、凝乳不良、奶温过低、代乳品搅拌不均等),均会造成肠道细菌过度增殖,引发犊牛腹泻。肠道内的常在菌也处于动态平衡中。

本书着重从犊牛的饲养管理、环境等方面寻找引起犊牛腹泻的原因,对犊牛腹泻病进行及时诊断、有效治疗、环境干预、合理饲养等。针对业已存在的和新发现的各种犊牛腹泻病原、人们传统的饲养习惯、生产管理问题等,经过多年的生产实践和近期集中实施的犊牛腹泻研究,总结了一系列从营养、分群、药物及生物预防、精细化管理等方面对犊牛进行综合管控的措施,使之成为行之有效的犊牛腹泻防控手段。

1. 犊牛腹泻的发病机制和分类

(1)发病机制　腹泻是指动物在一定时间内排出粪便的数量(总量)增多、排泄的次数增加、粪便的形状发生改变。

消化道是一个有大量液体存在并流动的系统,液体的80%来自消化道的分泌,20%来自饮食摄入。正常情况下,消化道液体95%的水分被消化道吸收,液体的分泌与吸收保持动态平衡,平衡被打破即会造成腹泻。

(2)发病机制分类　打破平衡的机制即为腹泻的发病机制,主要有以下几种。

1)分泌增加　一方面致病微生物或其分泌的毒素等破坏肠绒毛上皮,使之脱落,形成创面(漏出组织液),损伤的肠上皮新生细胞分泌功能旺盛,另一方面毒素还可以改变细胞膜的酶结构,引起肠上皮细胞对钠离子的吸收减少,分泌的氯离子和水增加,造成肠内容物增加、变稀。可能的致病因素有细菌、毒素、体液神经因子、免疫炎性介质、误食去污剂(胆盐、长链脂肪酸)、通便药(蓖麻油、芦荟、番泻叶)等。

2)吸收减少　致病因子造成肠壁发生形态学改变,或肠黏膜发育障碍,或吸收面积减少,或吸收功能减弱,或吸收单位减少,有些毒素(大肠杆菌分泌的耐热或不耐热肠毒素)还可以阻断水分的吸收。可能的致病因子有先天性吸收不良、手术切断肠管、毒素引起的肠黏膜充血水肿、肠道损伤后瘢痕等。

3）渗出增加 致病因子造成肠壁上皮细胞损伤（肠绒毛坏死、脱落、变短），通透性增加，组织静水压造成液体在肠上皮细胞间渗漏，水、血浆及血细胞等血液成分从毛细血管中漏出，引起肠内容物增加，有时还混有血液成分。

4）渗透压增加 致病因子或毒素破坏成熟的肠上皮细胞，造成半乳糖酶缺乏，加之过小的犊牛结肠中的微生物群尚未完全建立，不能酵解乳糖和半乳糖，使得牛奶中的乳糖分解成的半乳糖不能进一步被酵解，肠内容物的渗透压升高，从而潴留水分。另外过食性瘤胃酸中毒也会引起肠内容物渗透压增加。某些药物就是利用增加渗透压来治疗便秘的，如硫酸镁、硫酸钠、甘露醇等。

5）肠蠕动增加 刺激性食物、肠内容物增多、炎症分泌物等的刺激，都会引起肠道反射性蠕动增加，缩短肠内容物在肠道的停留时间，减少肠内容物与肠绒毛的接触时间，影响食糜的吸收。

腹泻有时并非单一机制造成的，可能会是多因子综合作用的结果。例如，致病性大肠杆菌引起的腹泻；细菌黏附破坏肠绒毛上皮细胞，分泌细胞毒素，造成绒毛完整性被破坏；体液血液漏出、渗出；肠道食糜不能充分吸收而引起肠内容物渗透压增加，潴留水分，肠隐窝上皮在绒毛上皮破坏后快速生长，新生的细胞又具有强的分泌能力，综合作用的结果即是腹泻。

2. 犊牛腹泻的致病因子

（1）病毒 主要是轮状病毒、冠状病毒、黏膜病毒。

1）轮状病毒 犊牛轮状病毒发病高峰是 10～14 日龄，潜伏期 15 小时至 5 天，发病第二天开始排毒，病毒可以长期存在于污染物中，经"粪—口"传播。

病理：病毒吸附在肠绒毛顶端表面，破坏成熟的肠上皮细胞，使细胞变性脱落，肠绒毛发育受阻，肠隐窝上皮细胞（方形）快速生长以替代肠绒毛顶端的柱状细胞。这些新生的细胞分泌性强，被破坏的肠绒毛吸收不佳，引起消化不良，肠内容物渗透压增加，出现腹泻。病变从空肠一直蔓延到回肠。

症状：感染早期，病犊轻度沉郁，流涎，不愿站立和吸吮，腹泻，粪便呈灰黄色到白色酸乳状，通常不会有血，直肠温度正常。随着病程延长，会出现脱水（眼球下陷、皮肤干燥且弹性降低等），虚弱，卧地，体温下降，四肢末端发凉。如此时不及时救治，病犊可能会在 72 小时内死亡。疾病的严重程度和死亡率受多种因素影响，如免疫水平、病毒类型、病毒感染量，是否存在应激等，单一的轮状病毒感染可自行痊愈，少有症状严重者。

138

诊断:由于该病没有特征性的临床表现,要确诊需进行病毒分离或PCR法检测抗原,若为阳性即可确诊。

防治:没有特异性治疗方法。根据该病的病理进程,严重病例可予以输液等扶持疗法,平衡机体水、电解质、酸碱度,增加营养等。该病会引起消化吸收不良,口服补液的作用不佳,可禁食24小时以保护肠黏膜。防治该病时,应是提高母牛的免疫水平,以此提高初乳中的中和抗体,哺乳犊牛获得高水平的循环抗体和肠道黏膜局部免疫保护。

2)冠状病毒　冠状病毒感染高峰是7~21日龄,潜伏期20~30小时,经"粪—口"传播。

病理和症状:同轮状病毒不同的是冠状病毒感染时,大肠黏膜也会受损伤,严重的病变在回肠、盲肠、结肠,所以腹泻更为严重,粪便更稀。该病原也是牛冬痢的主要病原体。

诊断:要分离到病毒或PCR检测阳性才可以确诊。

防治:同轮状病毒。

3)病毒性腹泻病毒　病毒性腹泻病毒可以引起牛病毒性腹泻,可以突破胎盘屏障感染胎儿。病毒有两种明显不同的生物型,根据是否引起细胞病变可分为细胞病变型和非细胞病变型,每个型还有多个不同的毒株,而且不能交叉保护。在牛感染恢复期会发生交叉感染,可使牛急性感染和持续感染,有些毒株可以发生变异,在两个型间转换。临床病型多样,但在一个牛群中一般不出现多种临床症状,只出现一组特征型症状。非细胞病变型病毒是主要致病型,在黏膜性疾病的自然发病病例中常有细胞病变型病毒被分离出来,这是因为在被非细胞病变型病毒感染后,机体抗体水平降低合并体质差时又感染了细胞病变型病毒。病毒性腹泻病毒感染引起的慢性疾病称为病毒性腹泻。持续感染的牛是危险的传染源,对同源毒株具有免疫耐受性,对异源毒株敏感,感染会发生严重的病毒病。病毒以溶胶小滴的形式存于牛鼻咽分泌物、尿、粪便、精液中。犊牛后天感染发病温和或无症状,但妊娠牛感染会使情况变得复杂。

妊娠初期母牛感染病毒,会引起胚胎死亡;会导致母牛不孕,但母牛产生抗体后妊娠率正常。生产中要确保精液里不存在非细胞病变型病毒,这很重要。

妊娠40~125天母牛感染非细胞病变型病毒,胎牛会感染,但不会产生抗体。如果母牛是持续性感染,则胎牛出生后也是持续性感染,后果有以下几种:出生时正常,成年后仍正常,但持续排毒;出生时外表正常,但1岁之内死亡(可能由其他病致死);出生时体弱或死亡。

妊娠90~180天母牛感染非细胞病变型病毒,胎牛会发生先天性异常,如小脑发育不全、白内障、视网膜变性、短颌、积水性无脑等(一般一个牛群出现1~2种,且在一段时间基本相同)。

妊娠180天以上母牛感染非细胞病变型病毒,有的胎牛可以产生循环抗体,有的会发生流产,所产胎牛带有初乳前抗体,不引起持续感染。

急性症状,无论犊牛还是成牛,以发热(40.5~42.0℃)和腹泻为主要症状,发热与沉郁一般出现在腹泻前2~7天,且表现双相热,第二次发热后会出现腹泻、消化道糜烂、流涎、磨牙、厌食,因发热而出现呼吸急促。消化道糜烂,部位包括鼻镜、口腔(硬腭或软腭)、口角、门齿的齿龈、舌腹面等。有的牛有趾部皮肤损伤。严重的病例会因血小板减少而出血(便血),严重腹泻会引起脱水、体液电解质和酸碱失衡、蛋白质丢失,甚至并发其他感染而死亡。

持续性感染:牛一直存在病毒血症,但抗体水平低甚至没有抗体。持续性感染(PI)牛如感染异源性毒株可能会发生致死性(急性)和病毒性腹泻病(慢性),或可以产生抗体。

图7-2右侧牛为病毒性腹泻病毒持续感染牛,与同龄牛(左侧)相比,明显发育不良。

图7-2 犊牛腹泻引起的发育迟缓

持续性感染牛会因为细胞免疫机能下降而被感染其他病原(大肠杆菌、沙门氏菌、轮状病毒、冠状病毒、球虫、巴氏杆菌、鼻气管炎病毒、合胞病毒等),从而表现出相应疾病。通常情况下,当疾病的严重程度、发病率、死亡率超过了病原体引发疾病状况,且使用敏感药物(抗生素等)治疗没有收到相应的临床效果,同时又发现有黏膜损伤,应该怀疑为病毒性腹泻病毒感染。

黏膜性疾病:一般见于6~18月龄的青年牛,有发热、腹泻、口鼻糜烂史,体重减轻,尸检时可见口腔、食管、皱胃、小肠的集合淋巴结、结肠出现卵圆形糜烂灶或浅表的溃疡灶,食管、皱胃、小肠黏膜上皮水肿、红斑。

诊断:一群犊牛在同一段时间出现固定形式的先天异常,或6~18月龄的青年牛出现消化道糜烂症状,或批量犊牛出现生长不良,或治疗效果不佳的普通病(肺炎、红眼病、顽固性腹泻等)持续出现,应寻求专业兽医或科研院所的帮助,进行实验室诊断,采取病牛的全血、鼻咽拭子、粪便、肠淋巴结、肺组织等进行细菌培养和PCR检测,以便寻找病原准确诊断和鉴别诊断。

防治:没有特定的治疗方法,一般采用对症治疗,但不建议投入太多的治疗,对有该病流行的牛场进行检测、淘汰、净化。

检测:对可疑牛群进行抗原与抗体检测。

对抗原抗体均为阳性的急性发病牛,隔6周再检测一次,抗原阳性的牛只淘汰;淘汰抗原阳性、抗体阴性的持续感染牛;对抗原抗体均为阴性的牛,隔6周再检测一次,双阴性或抗原阴性、抗体滴度大于1∶64的牛可以留用。

免疫:检测合格的牛,可以进行免疫,免疫方法按照产品说明书操作。基础免疫完成后2周要进行抗体检测,抗体阴性或抗体滴度小于1∶64的牛只淘汰。

(2)细菌　主要有大肠杆菌、沙门氏菌。

1)大肠杆菌　大肠杆菌是牛肠道的正常栖息菌,也是条件致病菌,是致新生犊牛死亡的主要病原菌,已经确定有3类大肠杆菌可以引起犊牛腹泻,即败血型大肠杆菌、产肠毒素型大肠杆菌和其他致病型大肠杆菌。各型间没有交叉保护。由于管理不严格、卫生条件差,导致犊牛接触大量大肠杆菌,初乳中免疫球蛋白含量低或吸收不良,大肠杆菌在肠中异常大量增殖会导致大肠杆菌病。或者由于饲养密度过大、断脐不消毒、应激(气温突变、长途运输等)、感染其他病原体(牛传染性鼻气管炎病毒、病毒性腹泻病毒、轮状病毒、冠状病毒、球虫等)造成牛抵抗力下降,继发大肠杆菌。致病大肠杆菌在有利于快速增殖的环境中,黏附在肠黏膜的绒毛上快速增殖;或损伤黏膜进入血液循环引起败血症;或分泌肠毒素引发内毒素中毒;或产生细胞毒素造成痢疾和血便。

第一,败血型大肠杆菌。发病高峰为1~14日龄,出生24小时即可出现症状,口腔与鼻分泌物、尿液、粪便等会排出大量病原菌,污染环境,造成疾病的传播。经"粪—口"传播。

症状:急性病例表现沉郁、虚弱、无力、脱水、心动过速、吸吮反射严重下降,甚至消失,黏膜高度充血,部分病例出现眼角膜结膜水肿甚至出血,脐带水肿,脑膜炎症状。亚急性病例表现发热、脐带水肿、关节肿胀、葡萄膜炎。慢性病例表现虚弱无力、消瘦关节痛,所有病例均有酸中毒的表现。最急性病例有休克、酸中毒现象发生,腹泻症状出现比较晚(图7-3)。

诊断:可根据发病时间与数量、犊牛的临床症状、近期的管理情况做出诊断。确诊需要实验室进行病原分离,样本可采集犊牛全血、关节液或脑脊髓液。

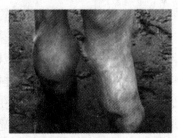

败血型大肠杆菌感染犊牛存活下来后患败血型关节炎

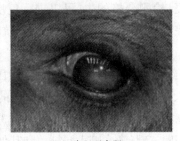

3日龄犊牛,由败血型　　　　　　　　败血型大肠
大肠杆菌感染引起休克　　　　杆菌感染引起角膜水肿

图7-3　败血性大肠杆菌引起的症状

防治:加强干奶期、围产期母牛及新生犊牛的管理。

母牛干奶要足40~90天,干奶期母牛要检测隐性乳腺炎、进行乳房保健、防止乳房漏乳、保持干燥环境、及时消毒,保障优质初乳生产。

围产期母牛要饲养在消毒干燥环境中饲养,力保犊牛的出生环境良好,对乳房漏乳的牛要登记,不能用这些母牛的初乳饲喂犊牛。产房要清洁干燥,以免母牛身体和乳房受到粪便的污染,环境要消毒,室温要适宜。

犊牛要及时吃到足够合适温度(夏天37.5~38.5℃,冬天38.5~39.5℃,

饲养人员要备有温度计,力求奶温准确,不能以手试温)的初乳,出生 12 小时内要获得 4 千克初乳,可以分 2 次喂食,第一次越早越好,提倡出生 8 小时内喂完第二次。因为出生 8 小时之后,空肠吸收上皮质关闭了球蛋白的吸收功能,但之后初乳球蛋白可以封闭大肠杆菌在肠黏膜的连接位点,阻止大肠杆菌的黏附,起到局部保护的作用。新生犊牛不能群养,应该放在有干净垫草的彻底消毒的温暖的清洁环境中,特别是冬天。现在还有一种做法,供企业参考,即平时冻存高质量的初乳,用时以 45~50℃ 的水解冻,在犊牛出生后的 2 小时、12 小时分别用胃管灌服 2 千克的 38.5℃ 的解冻初乳。

治疗最急性和急性病例一般治疗不成功。出现症状但没有休克的病例可以从 3 个方面进行救治,还可参考犊牛腹泻的治疗原则。支持疗法:静脉注射平衡液体,以纠正电解质和酸碱失衡,补充水和能量。抗生素疗法:选择敏感且具有强杀菌力的抗生素,静脉注射。抗休克。

第二,产肠毒素型大肠杆菌。产肠毒素型大肠杆菌即含有菌毛抗原的大肠杆菌。发病高峰为 1~7 日龄,犊牛出生后 48 小时内对此类大肠杆菌最为敏感。在有其他肠道致病病原(轮状病毒、冠状病毒、球虫等)存在时,14~21 日龄犊牛仍可感染产肠毒素型大肠杆菌。

临床症状:最急性表现为腹泻、脱水,在感染 4~12 小时即可发生休克,大便水样、白色或黄色或绿色,全身症状比腹泻更严重。急性发病时,以前吸吮正常的犊牛突然吸吮反射降低或消失,无力,脱水,可视黏膜干、凉、黏,有些牛不表现腹泻,但有严重的腹胀,右下腹部有大量液体(肠内积液),心律失常,心率快(酸中毒、高血钾),体温正常或降低。如果是高毒力的菌株感染,群体发病率可达 70% 以上。轻型病例可能不会引起饲养人员注意,病牛排软便或水便,可自愈。

诊断:根据发病日龄和临床表现可做出初步诊断,输液治疗对这类病牛的疗效比对败血型大肠杆菌的明显,因为这种病的主要病理是内毒素和酸中毒、脱水、低血糖、高血钾,主要属于分泌型腹泻。分离细菌是最好的确诊方法,样本最好是空肠内容物,肠系膜淋巴结及其他组织不能分离出细菌,以此区别于败血型大肠杆菌。

治疗:原则是增加循环血量,纠正低血糖、电解质和酸碱失衡,抗休克。根据病牛体重和脱水程度计算每天补液量。另可参考犊牛腹泻的治疗原则。对有吸吮能力的病牛不建议输液,口服补液即可,液体类型与所输液体相似(有专门的口服补液盐商品),食物和补液盐碱化很重要。每天 4~6 升平衡液,

3日龄犊牛感染产肠毒素型大肠杆菌 　　产肠毒素型大肠杆菌感染病犊
出现黄白色腹泻,伴有严重脱水

图7-4　肠毒型大肠杆菌引起的症状

加入碳酸氢钠10~15克,操作方法是:先控食1天,只给平衡液体,然后把一天的牛奶量分3~4次饲喂,在两次喂奶之间喂平衡液,坚持3~5天。碳酸氢钠也可以加在奶里。

防治:同败血型大肠杆菌。

第三,其他致病性大肠杆菌。此类大肠杆菌感染不能引起败血性和肠毒素中毒,但细菌粘附于肠黏膜产生细胞毒素,侵害的肠黏膜的范围可以扩展到小肠末端、盲肠、结肠,能引起痢疾、消化不良、蛋白流失,有的病例出现便血和里急后重。2日龄到4月龄的犊牛均可发病,发病高峰日龄为4~28,引起痢疾的产志贺氏菌样毒素即属于此类病原。

治疗:可参考犊牛腹泻的治疗原则。

2)沙门氏菌　沙门氏菌是可以引起犊牛最急性败血症到隐性感染等不同程度病理的地方流行性疾病,是各年龄段牛腹泻的主要病原体,经"粪—口"传播。感染沙门氏菌会损伤小肠后段、盲肠、结肠黏膜,导致消化吸收不良,蛋白质丢失,体液损失,属于分泌性和消化不良性腹泻。有些沙门氏菌(如都柏林沙门氏菌,4~8周龄犊牛易发)还可以引起呼吸道症状,且病牛的多种分泌物带菌,如口鼻分泌物、乳汁等。应激、运输、高温、低温、环境卫生不佳或有其他疾病存在造成抵抗力下降时易感染沙门氏菌,多发在2周至2月龄的犊牛。

症状:发热、腹泻是犊牛沙门氏菌病的主要症状,粪便带有黏液和血液,颜色不一致,腐臭味,有时有水样便。新生犊牛感染死亡率比较高,最急性的病例在症状出现之前即死亡,急性病例也有高的死亡率,慢性感染会引起间歇性腹泻(永久性肠黏膜损伤)、消瘦、低蛋白血症、生长不良,通过多种分泌物向外排毒,有的病例排毒可长达3~6个月(图7-5)。

诊断:最有效的确诊办法是分离细菌,在病史调查和临床症状观察做出初步诊断的基础上,采集粪便、肠内容物及肠系膜淋巴结送检。大肠杆菌和沙门氏菌均易致犊牛感染,而且症状相似,但大肠杆菌更易感染 3 周龄内的犊牛,沙门氏菌感染的范围会更大一些,有时也有混合感染。病死犊牛剖检时,小肠末端和结肠黏膜上有散在的纤维性坏死膜。

沙门氏菌感染导致的急性肠炎可引起迅速脱水和毒血症

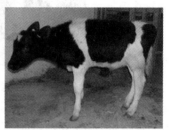
沙门氏菌感染牛康复后易发育不良

图7-5 沙门氏菌引起的症状

治疗:可参考犊牛腹泻的治疗原则。

预防:避免拥挤和暴力转群;隔离病犊,减少粪便污染环境,淘汰带菌犊牛;清扫和消毒牛舍;犊牛与成牛不混养,犊牛不群养,做好干奶期母牛的筛查和保健;饲养人员不能串岗;注意公共卫生,接触过病犊的饲养人员和兽医的工作服、鞋、手套都要认真消毒。

(3)寄生虫 犊牛感染比较多的寄生虫是隐孢子虫,它是人兽共患病原。该种寄生虫有 3 个特点:粪便里的卵囊可直接感染新宿主;无宿主特异性,在包括人在内的哺乳动物间传播;抗药性比较强。

在牛群中,寄生虫主要感染 1~2 周龄的犊牛,感染高峰为 11 日龄,与轮状病毒的感染时间相重叠,潜伏期 2~5 天,单独感染腹泻可持续 2~14 天,有的呈间断性腹泻。污染牛场中 3 周龄以下犊牛发病率可达 50%,混合感染较多,初乳抗体不能通过体液机制和局部机制防止该病的发生,但免疫状况良好的犊牛有自限性。犊牛感染寄生虫后,表现为慢性体重减轻,食欲差,尾巴和肛周有粪便污物。

病理:感染导致肠上皮细胞微绒毛萎缩、融合、隐窝炎,引起分泌性和吸收不良性腹泻。

症状:病犊沉郁、厌食、脱水、腹泻,排出混有黏液的水样绿色粪便,有的粪便里有血,里急后重,慢性病例病牛消瘦,通常体温正常(图7-6)。

诊断:新鲜粪便涂片镜检,检出虫卵即可确诊。

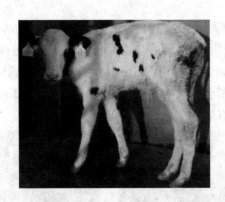

图7-6 寄生虫引起的症状

治疗:对脱水、电解质失衡的病犊治疗可参考犊牛腹泻的治疗原则。对有吸吮能力的病犊正常饲喂,加一些口服补液盐和葡萄糖。对慢性病犊要加强营养,特别是能量物质,在冬天要注意保暖。治疗药物有拉沙里菌素、妥曲珠利、地克珠利,螺旋霉素也有部分治疗作用。

环境卫生:隐孢子虫喜凉爽潮湿环境,对50℃以上的环境敏感。因此,围产母牛和新生犊牛的生活环境务必保持干净干燥,疑受污染的环境要彻底清扫,用50℃以上蒸汽消毒。

(4)消化不良 牛场发生腹泻的犊牛很大一部分是由于管理不善引起的。做不到三定(定时、定量、定温),特别是量不定,饲喂随意性大,奶温不稳定等,易引起消化不良;饲养密度大,犊牛得不到很好的休息,造成抵抗力下降;冬天环境温度太低,没有垫草或湿的垫草得不到及时更换,引起应激;粪便清理不及时,环境卫生差,特别是潮湿、应激,增加了感染有害微生物的风险。长途运输,使犊牛处于应激状态,抵抗力下降。这类腹泻的犊牛精神状态较好,食欲正常,反应敏捷,喜欢跑动玩耍。粪便一般呈黄色或深色糊状,后躯沾的粪便较少。犊牛无须治疗,从以上几个方面改进即可。一般条件改善后1~2天就会恢复正常。但有些犊牛由于应激造成的抵抗力下降可能会患其他疾病,要密切注意腹泻犊牛的病情发展趋势。

(5)混合感染 据调查,单一病原引起的犊牛腹泻或单个牛场只存在单一病原体的情况已经不存在,单个个体或牛场均存在2种以上的病原体。普遍存在的病原体为轮状病毒、冠状病毒、大肠杆菌、隐孢子虫等,并发继发并存,主次不易分清,引起的肠道损伤可能会有叠加、积累或协同作用,损伤面积会波及整个肠道,使得病情严重而复杂。如病犊为沙门氏菌和球虫混合感染,表现为里急后重。临诊可见黏膜苍白,脱水7%~8%,体温升高(40.0℃)。

剖检可见淋巴集结处呈现大小不同的溃疡性病变。从检测的健康犊牛的粪便结果分析,轮状病毒、隐孢子虫检出率较高,哺乳的肉牛犊牛群比奶牛犊牛群得病率高;冠状病毒检出少,即犊牛腹泻时才会拉出冠状病毒。大量统计数据显示,腹泻性疾病占牛群所发疾病的比例约为50%。在腹泻病例中,大肠杆菌引发的腹泻约占生物致病因子引发腹泻的31%,轮状病毒约占24%,沙门氏菌和病毒性腹泻病毒分别占16%,隐孢子虫为8%,冠状病毒约占5%。(图7-7、图7-8)

图7-7　混合感染引起症状

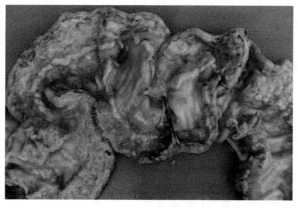

图7-8　淋巴集结处呈现大小不同的溃疡性病变

3. 腹泻的治疗原则

造成犊牛腹泻的病原有多种,但损害有规律可循。腹泻主要引起脱水、电解质和酸碱失衡、肠道黏膜损伤、水和蛋白离子丢失、毒素吸收等,治疗需要关注犊牛生理特点和腹泻特征。

(1)纠正紊乱　恢复细胞外液体积和循环血量,治疗脱水,防止休克和低血糖、缓解中毒（内毒素和代谢性酸中毒）。治疗方法主要是静脉输液或口服平衡液体,用到的药物有:0.9%氯化钠、5%葡萄糖、乳酸林格液、10%的氯化钾、5%碳酸氢钠等。

(2)防止感染　病毒性感染时,可以不优先使用抗生素,但在出现发热症状或病程延长时,建议使用抗生素预防继发感染。在检测有细菌感染时,建议做药敏试验,使用敏感抗生素。常用的抗生素有阿米卡星、庆大霉素、环丙沙星、恩诺沙星等。

(3)保护黏膜　无论是细菌性还是病毒性感染,都会造成肠道黏膜不同程度的损伤,使用黏膜保护剂十分必要,常用的药物有铋制剂、高岭土、鞣酸蛋白、蒙脱石散剂等,还可以使用吸附剂,如活性炭。

(4)扶持疗法　犊牛肠道正常时会合成一些维生素类,在肠道损伤且腹泻时,不能合成或快速排出一些营养物质,需要人为补充,所用到的药物有维生素B、维生素C、肌苷、三磷酸腺苷二钠、辅酶A等。

(5)中药治疗　对于草食家畜,中药有其得天独厚的作用(药食同源),一般出生10天之内不用中药,之后可以适当添加,水煎或粉碎成末后用开水冲服。常用的药物有茯苓、白术、干草、陈皮、党参、神曲、麦芽、山楂等,根据症状加减。

4.犊牛腹泻的防治

(1)微生物环境　导致腹泻的病原体存在于肠道,发病时或恢复期或亚健康感染时都会由粪便排出大量病原体,对环境造成一定压力,所以产房和犊牛舍要做到容易消毒,下水道畅通。圈舍应通风良好,干燥,垫草清洁,做到勤换。加强干奶期、围产期母牛的管理。干奶期母牛要检测隐性乳腺炎、进行乳房保健、防止漏乳,保障优质初乳生产。围产期母牛漏乳要登记,不能用这些母牛的初乳饲喂犊牛。产房应该每年更换地点,保持干净、干燥,避免在大棚等陋舍产犊,特别是在深冬和早春。新生犊牛要单独饲养,避免与成牛等混养,大的犊牛饲养密度要适中,合理分群。

(2)营养环境　饲养犊牛要做到"三早,三定",即早吃初乳、早补饲、早断奶,定时、定量、定温;坚持使用全乳喂养,坚持使用巴氏杀菌奶,用酸化奶更好。

(3)免疫环境　做好牛群的免疫工作。根据牛场牛群的疾病流行情况,制定有效的免疫程序,定时给牛群注射疫苗,控制疾病流行。确保初乳的质量和数量,确保犊牛及时吃到足够高质量的初乳。每年进行规定流行病的检测,淘汰不适合留养的牛。

（4）物理环境　做好新生犊牛的保温工作,特别是在冬季,要及时擦干犊牛;环境温度要适宜。

（5）及时救治　致病生物因子引发的腹泻会导致犊牛机体脱水、电解质和酸碱失衡,病程发展迅速而且严重,要引起兽医的足够重视,要及时治疗。

5. 案例分析

案例1:

某牛场15日龄之内的犊牛突发腹泻,最早24~48小时发病,7日龄前发病最多,发病率100%,病死率约12.5%,粪便开始呈黄色、白色水样,之后变为青灰色。喂服磺胺类抗生素、乳酸菌素片、板蓝根、0.9%氯化钠、维生素B、维生素C等,效果不显著。现场勘查,病牛单独饲养,房盖石棉瓦,水泥地板,没有垫草,水样便流得到处都是,犊牛身体浸在水便里,后躯沾满粪便。粪便呈白色、黄色、灰色水样,内有凝乳块,大部分犊牛反应迟钝,眼球下陷,皮肤干燥,侧卧不动,不能站立,体温低,有的犊牛有高的肠鸣音,有的犊牛颤抖,有的犊牛流涕、流涎。根据症状,采集粪便样本8份、奶1份,带回实验室检测病原。

粪便样本中检测出沙门氏菌、冠状病毒、轮状病毒。河南省"四优四化"科技支撑计划项目实施过程中,利用技术集成在该养殖场的腹泻犊牛示范使用,除治疗第一天有一头体温低下（36.5℃）、严重脱水、不能站立的犊牛死亡外,再无犊牛死亡。

案例2:

从2018年10月至2019年3月,多个牛场发生了犊牛腹泻,其中洛阳的两个牛场和驻马店一个牛场,发病情况相似,犊牛出生几天后开始发病,发病率100%,死亡率90%以上。三个场均为母乳喂养。犊牛没有跟随固定的母牛,有时一头母牛带3头小牛,母牛体况较差。喂药之后症状减轻或消失,停药之后几天反复发病。检测驻马店牛场的饲料原料发现霉菌超标,其他两个牧场没有化验饲料。

补救措施:圈舍彻底消毒;母牛和小牛分开饲养;采集健康新鲜的牛乳定时定量饲喂犊牛,保证每头小牛都能吃饱,有条件的可以饲喂巴氏消毒奶。

二、夏季热应激

热应激是指机体在过高的环境温度下表现所出来的一系列非特性反应。它受空气温度、湿度、对流以及机体自身产热与散热等诸多因素影响,其中空气温度和湿度对动物的应激反应影响最大。正常肉牛的体温在38.5~39.5℃,其体内产热和散热要保持动态平衡才能维持体温恒定,因此肉牛的适宜饲养温度通常在10~25℃,最佳的生长温度则在15~18℃。河南7月、8月平均气温在34℃,极端气温甚至达到40℃。肉牛的皮下脂肪厚,散热途径单一,耐寒不耐热,因此很容易产生夏季热应激。

1. 热应激症状

热应激表现为食欲减退,体温升高,心跳呼吸加快,鼻镜干燥,精神不佳和烦躁不安等,严重时引发热射病,可在数小时内死亡。公牛表现为性欲减退,精子数量减少和精子活力降低;母牛发情异常,易发流产或早产犊牛成活率下降,断奶体重减轻,后期发育滞缓。

2. 防治措施

(1)物理防治措施 加强通风,安装排风扇,搭建遮阳网,喷淋降温。为牛群提供良好的生活环境,提高生产性能。

(2)营养调节 动物处于热应激时,维持能量增多;采食量下降导致营养摄入不足,这些因素影响肉牛生长速度与生产性能。因此,调整日粮配方或改变饲料原料,增加饲料的营养浓度,尤其是能量水平,可有效缓解肉牛热应激,提高夏季肉牛的生产性能。调节饲料配方精粗比,适当添加微生态制剂、酶制剂、抗热应激添加剂等,通过提高瘤胃功能及促进饲料消化吸收,提高肉牛消化率,提高增重。

肉牛通过营养调控缓解热应激的技术方案:全混日粮中添加氯化钾8克/千克+碳酸氢钠15克/千克,增强肉牛机体热应激缓解能力;精饲料补充料添加脂肪酸钙200克/头,增加精饲料中脂肪含量,提高每天能量摄入。精饲料补充料中添加酵母铬0.3毫克/千克+复合酶0.1毫克/千克,提高了机体抗应激能力和瘤胃消化能力。

三、运输综合征

1. 发病原因

长途运输途中受热、冷、风、雨、饥、渴、惊、挤压、颠簸、合群、体力耗损、环境改变等应激源影响,使牛机能发生紊乱,机能改变,导致机体抵抗力下降,免疫能力减弱,病原微生物(如支原体、巴氏杆菌、大肠杆菌、沙门氏菌、链球菌、葡萄球菌、真菌及血液原虫)感染,引起呼吸道、消化道乃至全身病理反应加重,呈现应激综合征。

2. 临床症状

体温升高,高达41~42℃,精神沉郁,食欲减退,被毛粗乱,咳嗽,气喘,流黏性或脓性鼻液;随着病情发展,逐渐出现腹泻,甚至血便,严重者血便中混有肠黏膜;部分牛则继发关节炎,出现跛行、关节脓肿等;呼吸困难,后期肺部听诊呈湿啰音或哨音,病牛极度消瘦,甚至衰竭死亡。

3. 病理变化

剖检可见肝、脾正常;肠道出血、黏膜脱落,真胃溃疡。主要病理变化出现在呼吸系统上,病理变化为气管壁上有出血点、充血斑;肺与纵隔、胸腔粘连;胸腔内有大量的脓液,腹腔内有中量的淡黄色积液;双侧肺尖叶、心叶、副叶及1/3膈叶化脓;左肺尖叶成为一大脓肿肺;胆囊水肿,黏膜呈颗粒状沉淀,易脱落;真胃内壁上有许多条状溃疡灶。

4. 预防措施

自繁自养,加强牛群引进管理,不从疫区或发病区引进牛;运输牛只用专业运输车辆,行进速度适宜,要稳,禁止急行急停急转弯,防止颠簸对牛的冲击和牛站立不稳引起的不适及紧张,产生应激反应;加强运输过程中的防护,运输时可在装载车辆的两边用帆布遮挡,以减少直流风对牛的鼻孔及口腔直吹。运输前补打口蹄疫疫苗2头份,同时运输前添加抗应激药物(电解多维等);到场后做好护理工作,继续饮用抗应激药物,必要时添加抗生素预防感染(特别是呼吸道疾病的预防)。加强饲养管理:保持牛舍通风良好、清洁、干燥。加强疾病预防:定期消毒牛舍,及时发现并隔离病牛,尽早诊断与治疗。

5. 治疗原则

抗菌消炎,强心利尿,补液。应选作用于细菌蛋白质合成的相关药物,如环丙沙星、泰乐菌素、替米考星、四环素、氟苯尼考等。发热达到40℃的病牛每天肌内注射退热针,生理盐水500毫升,10%葡萄糖500~1 000毫升,地塞米松30~50毫克。

6. 类症诊断说明

针对患运输应激综合征的牛制订了如下防治方案:运输前,牛要经过检疫,只允许健康牛装车运输,每头牛皮下注射复方布他磷注射液(科特壮)15毫升,每天一次。运输到达牛场卸车以前,要认真检查牛的体况,对于可疑病牛要隔离观察,对可能患有的疾病予以治疗;进场牛不能与原有牛混群,要集中饲养并集体驱虫。

若长途运输牛可能患有支原体病,开具处方如下:皮下注射科特壮15毫升;皮下注射5%恩诺沙星0.03毫升/千克体重;饮电解多维水。

四、脐炎

脐炎是新生犊牛脐血管及其周围组织的炎症,为犊牛常发病。正常情况下,犊牛脐带残段在产后7~14天干燥、坏死、脱落,脐孔由结缔组织形成瘢痕和上皮而封闭。

1. 病因

牛的脐血管与脐孔周围组织联系不紧,当脐带断后,残段血管极易回缩而被羊膜包住,脐带断端在未干燥脱落以前又是细菌侵入的门户和繁殖的良好环境。接产时,脐带不消毒、消毒不严,或犊牛互相吸吮,或尿液浸渍,都会使脐带感染细菌而发炎。饲养管理不当,外界环境不良,如运动场潮湿、泥泞,褥草没有及时更换,卫生条件较差等,会致使脐带受感染。

2. 症状

根据炎症的性质及侵害部位,脐炎可分为脐血管炎和坏疽性脐炎。

(1)脐血管炎 初期常不被注意,仅见犊牛消化不良,下痢,随病程的延长,病犊拱背,不愿行走。脐带与脐孔周围组织充血肿胀,触诊质地坚硬、热,病犊有疼痛反应。脐带断端湿润,用手指挤压可挤出污秽脓汁,有臭味。用两手指长捏脐孔并捻动时,可触到小指粗的固体索状物,病犊表现疼痛。

(2)坏疽性脐炎 又名脐带坏疽,脐带残段湿润、肿胀,呈污红色,带有恶臭味,炎症可波及周围组织,引起蜂窝组织炎脓肿。有时化脓菌及其毒素还沿血管侵入肝、肺、肾等内脏器官,引发败血症、脓毒败血症,病牛出现全身症状,如精神沉郁,食欲减退,体温升高,呼吸、脉搏加快。

3. 治疗

治疗原则是消除炎症,防止炎症的蔓延和机体中毒。

(1)局部治疗 病初期,可用1%~2%高锰酸钾液清洗脐部,并用10%碘酊涂擦。患部可用60万~80万国际单位青霉素,分点注射。脐孔处形成瘘孔或坏疽时应用外科手术清除坏死组织,并涂以碘仿醚(碘仿1份,乙醚10份),也可用硝酸银、硫酸铜、高锰酸钾粉腐蚀。如腹部有脓肿,可切开,排出脓汁,再用3%过氧化氢液冲洗,内撒布碘仿磺胺粉。

(2)全身治疗 为防止感染扩散,可肌内注射抗生素,一般常用青霉素60万~80万国际单位肌内注射,每天2次,连用3~5天。

如有消化不良症状,可内服磺胺嘧啶、苏打粉各6克,酵母片或健胃片5~10片,每天2次,连服3天。

第八章　草畜一体化协同发展

　　草食家畜是整个农业生产系统中的重要中枢,是农业生产系统良性循环的必备产业,草畜产业高质量发展不仅推动经济建设,还可有力推动生态文明建设,推进乡村产业振兴、生态振兴、人才振兴。构建优质草畜产业体系,通过优化调整农牧业结构,充分发挥当地资源比较优势,促进粮经饲统筹、农牧结合、种养加一体、一二三产业融合发展,延长产业链、提升价值链,提高草畜业的经济效益、生态效益和社会效益,促进农牧业转型升级。发展壮大新产业、新业态,打造农牧业全产业链,发挥一二三产业融合的乘数效应,提高农牧业质量效益。优化草畜产业区域布局,以资源环境承载力为基准,充分发挥当地比较优势,提高农业产业发展与资源环境的匹配度。

第一节 草畜一体化发展的意义

构建优质草畜生产体系,需用现代设施、装备、技术手段武装传统农业,发展绿色生产,提高饲草料生产和畜牧业生产良种化、机械化、科技化、信息化、标准化水平。可通过远程信息化管理系统,实现实时数据分析,对生产进行信息化管理。大力推动县域创新驱动发展,加快建立畜牧业科技创新示范推广体系。推进农业标准化生产,加快建设一批专业化、规模化、标准化的饲草料种植、饲草收贮、养殖生产基地,从源头上保障畜产品质量安全。加强畜产品质量安全监管,建立从源头到市场到餐桌的全程监管链条,推进农产品质量安全追溯体系建设,提升农产品质量安全水平。大力发展生态循环农业,实现畜禽粪便、秸秆等农副产品基本资源化利用。构建支撑农牧业绿色发展的技术体系。

在饲草和粪污利用的成本中,运输成本所占比例大,只有建立区域性自给自足的产业链条,才能够解决农业面临的养殖粪污和秸秆焚烧两大农业污染问题。实施草畜产业区域性产业链发展,为进一步实施农业供应链金融打下基础,而利用供应链金融可打通资本进入农牧产业的绿色通道,彻底解决农牧业融资难的根本问题。

肉牛产业、肉羊产业、奶山羊等草食家畜是整个农业生产系统中的重要中枢,是农业生产系统良性循环的必备产业。实施草畜一体化生态农业工程,既有效利用了秸秆,又消纳了养殖粪污,可同时解决农业面临的两大污染问题。草畜产业协同发展,不仅推动经济建设,还可有力推动生态文明建设,推进乡村产业振兴、人才振兴、生态振兴,促进农牧业高质高效、乡村宜居宜业、农民富裕富足。

目前我国牛羊肉产业粗饲料资源的结构性问题突出表现为秸秆等资源的供过于求和优质饲草等资源的供给不足。每年需要大量进口的粮食也主要是用于饲料的豆粕和玉米,2020年进口大豆1亿吨,玉米1 130吨。饲料粮供给与需求的深刻变化,对粮食安全形成巨大冲击,可以说,我国粮食安全已经变成了饲料粮安全。然而,由于作物籽粒不到作物地上生物量的1/2,用粮食作为饲料,等于浪费了至少1/2的作物地上生物量,相当于浪费了生产秸秆部分所消耗的水土资源、化肥和农药等;而且,部分无法利用的秸秆只能焚烧,进而带来环境污染。因此可以说,通过草畜一体化协同发展,解决了动物的饲草料问题,人的口粮安全隐患也就自然解除。

草畜一体化协同发展产业模式制订要考虑养殖和种植的共生互利内容。

养殖业对种植业的好处:为养殖业提供有机肥,改善土壤质量,提升农产品品质。解决秸秆焚烧污染问题。提高土地产出率、资源利用率和劳动生产率。

种植业对养殖业的好处:消纳养殖粪污,为养殖业提供优质安全饲草料。

养殖业对种植业提出的要求:农药残留、霉菌毒素等对动物健康状况、产品质量安全、产品风味的影响,为农副资源的高效饲料化利用提供方案。

第二节 土地载畜量的计算

一、术语和定义

1. 畜禽粪污土地承载力

畜禽粪污土地承载力是指在土地生态系统可持续运行的条件下,一定区域内耕地、林地和草地等所能承载的最大畜禽存栏量。

2. 畜禽规模养殖场粪污消纳配套土地面积

畜禽规模养殖场粪污消纳配套土地面积指畜禽规模养殖场产生的粪污养分全部或部分还田利用所需要的土地面积。

3. 猪当量

猪当量指用于衡量畜禽氮(磷)排泄量的度量单位,1头猪为1个猪当量。1个猪当量的氮排泄量为11千克,磷排泄量为1.65千克。按存栏量折算:100头猪相当于15头奶牛、30头肉牛、250只羊、2 500只家禽。生猪、奶牛、肉牛固体粪便中氮素占氮排泄总量的50%,磷素占80%;羊、家禽固体粪便中氮(磷)素占100%。

4. 畜禽粪污

畜禽粪污指畜禽养殖过程产生粪便、尿液和污水的总称。

5. 畜禽粪肥(简称粪肥)

畜禽粪肥指以畜禽粪污为主要原料通过无害化处理,充分杀灭病原菌、虫卵和杂草种子后作为肥料还田利用的堆肥、沼渣、沼液、肥水和商品有机肥。

6. 肥水

肥水指畜禽粪污通过氧化塘或多级沉淀等方式无害化处理后,以液态作

155

为肥料利用的粪肥。

畜禽粪污土地承载力及规模养殖场配套土地面积测算以粪肥氮养分供给和植物氮养分需求为基础进行核算,对于设施蔬菜等作物为主或土壤本底值磷含量较高的特殊区域或农用地,可选择以磷为基础进行测算。畜禽粪肥养分需求量根据土壤肥力、作物类型和产量、粪肥施用比例等确定。畜禽粪肥养分供给量根据畜禽养殖量、粪污养分产生量、粪污收集处理方式等确定。

三、测算方法

1. 区域畜禽粪污土地承载力测算方法

区域畜禽粪污土地承载力等于区域植物粪肥养分需求量除以单位猪当量粪肥养分供给量(以猪当量计)。

2. 区域植物养分需求量

根据区域内各类植物(包括作物、人工牧草、人工林地等)的氮(磷)养分需求量测算,计算方法如下:

区域植物养分需求量 = ∑ 每种植物总产量(总面积) × 单位产量(单位面积)养分需求

不同植物单位产量(单位面积)适宜氮(磷)养分需求量可以通过分析该区域的土壤养分和田间试验获得。

3. 区域植物粪肥养分需求量

根据不同土壤肥力下,区域植物粪肥养分需求量中需要施肥的比例、粪肥占施肥比例和粪肥当季利用效率来测算,计算方法如下:

$$区域植物粪肥养分需求量 = \frac{区域植物养分需求量 × 施肥供给养分比例 × 粪肥占施肥比例}{粪肥当季利用率}$$

不同区域的粪肥占施肥比例根据当地实际情况确定;粪肥中氮素当季利用率取值范围推荐值为 25% ~ 30%,磷素当季利用率取值范围推荐值为 30% ~ 35%,具体根据当地实际情况确定。

4. 单位猪当量粪肥养分供给量

综合考虑畜禽粪污养分在收集、处理和储存过程中的损失,单位猪当量氮养分供给量为 7.0 千克，磷养分供给量为 1.2 千克。

四、规模养殖场配套土地面积测算方法

规模养殖场配套土地面积等于规模养殖场粪肥养分供给量（对外销售部分不计算在内）除以单位土地粪肥养分需求量。

1. 规模养殖场粪肥养分供给量

根据规模养殖场饲养畜禽存栏量、畜禽氮（磷）排泄量、养分留存率测算，计算公式如下：

粪肥养分供给量 = $\sum$ 各种畜禽存栏量 × 各种畜禽氮（磷）排泄量 × 养分留存率

不同畜禽的氮（磷）养分日产生量可以根据实际测定数据获得，无测定数据的可根据猪当量进行测算。固体粪便和污水以沼气工程处理为主的，粪污收集处理过程中氮留存率推荐值为 65%（磷留存率为 65%）；固体粪便堆肥、污水氧化塘储存或厌氧发酵后农田利用为主的，粪污收集处理过程中氮留存率推荐值 62%（磷留存率为 72%）。

2. 单位土地粪肥养分需求量

根据不同土壤肥力下，单位土地养分需求量、施肥比例、粪肥占施肥比例和粪肥当季利用效率来测算，计算方法如下：

$$单位土地粪肥养分需求量 = \frac{单位土地养分需求量 × 施肥供给养分占比 × 粪肥占施肥比例}{粪肥当季利用率}$$

单位土地养分需求量为规模养殖场单位面积配套土地种植的各类植物在目标产量下的氮（磷）养分需求量之和，各类作物的目标产品可以根据当地平均产量确定，具体参照区域植物养分需求量计算。施肥比例根据土壤中氮（磷）养分确定，土壤不同氮磷养分水平下的施肥比例推荐值。粪肥占施肥比例根据当地实际情况确定。粪肥中氮素当季利用率推荐值为 25%～30%，磷素当季利用率推荐值为 30%～35%，具体根据当地实际情况确定。

五、粪污的资源化利用

实际生产中，1 头育肥牛每年大约产生 7 吨的粪污，粪污的资源化利用技术不仅能够解决牛场的环保压力，同时还会为牛场带来一定的效益，形成良性

循环。

1. 发酵做肥料

（1）粪污全量还田模式　粪便和污水全量搜集,经氧化塘处理,就近农田施肥,需要有与粪污量相配套的农田面积。

（2）粪便堆肥利用模式　一般进行好氧堆肥。好氧堆肥是指在一定水分、碳氮比和通风等人工控制条件下,通过微生物的作用,实现畜禽粪便的无害化、减量化和稳定化过程。

1）前期预混　将畜禽粪、辅料料等按比例在混料机内混合均匀。添加微生物菌剂混匀。

2）升温阶段　堆体温度逐步从环境温度上升到45℃左右,主导微生物以嗜温性微生物为主,有真菌、细菌等。

3）高温阶段　堆体温度升至45℃以上即进入高温阶段,嗜温微生物受到抑制甚至死亡,而嗜热微生物则上升为主导微生物。堆肥中残留的和新形成的可溶性有机物质继续被氧化分解,复杂的有机物如半纤维素、纤维素和蛋白质也开始被强烈分解。微生物的活动也是交替出现的,通常在50℃左右时较活跃的是嗜热性真菌,温度上升到60℃时真菌几乎完全停止活动,仅有嗜热性微生物活动,温度升到70℃时大多数嗜热性微生物已不再适应,并大批进入死亡和休眠阶段。

4）降温阶段　高温阶段造成微生物的死亡和活动减少,慢慢进入低温阶段。在这一阶段,嗜温性微生物又开始占据优势,对残余较难分解的有机物做进一步的分解,但微生物活性普遍下降,堆体发热减少,温度开始下降,有机物趋于稳定化,需氧量大大减少,堆肥进入腐熟阶段。

5）陈化阶段　发酵后的畜禽粪尚未完全腐熟,需要继续进行陈化,陈化的目的是将粪中剩余有机物进一步分解、稳定,陈化后期堆肥的温度逐渐下降,稳定在40℃左右,含水率可降低到20% ~30%,堆肥腐熟后形成腐殖质。

目前好氧堆肥方式:条垛式、槽式、筒仓式、膜覆盖发酵系统等。

条垛式堆肥(图8-1):把混合好的畜禽粪堆成条垛,条垛堆体长度不限、宽2~4米、高1~1.5米。每2~3天翻堆1次,当温度超过60℃时,增加翻堆次数。

图 8-1　条垛式堆肥

槽式堆肥:将可控通风与定期翻堆相结合,翻堆是在长而窄的槽内进行。轨道有墙体支撑,在轨道上有一台翻堆机。原料被布料斗放置在槽的首端或末端,随着翻堆机在轨道上移动进行搅拌。堆肥混合原料向槽的另一端移动,当原料基本腐熟时,能刚好被移出槽外。

筒仓式堆肥(图 8-2):混匀的物料从发酵仓顶部进入并充满反应器,占据整个发酵仓。具有分支管路的通气管道在发酵仓底部,废气由反应器上部的废气管道排出,出口略低于混合物的上表面,通过抽气的方式把废气收集处理。进料和出料可以是间歇的或连续式的。产品由反应器的下部排出口运走,物料在反应器的移动以推流式方式进行。

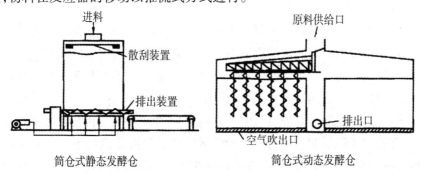

筒仓式静态发酵仓　　　　　　　筒仓式动态发酵仓

图 8-2　筒仓式发酵仓结构示意图

膜覆盖发酵系统(图 8-3):膜覆盖发酵系统主要体现在膜、通风和过程控制,与其他好氧发酵系统有明显区别,三者相辅相成,形成独特、经济和有效的高温好氧发酵系统。

图8-3 膜覆盖发酵系统

第一，膜。膜覆盖发酵系统的核心设备是盖在废弃物料堆上的复合膜。膜由特制的 e-膨胀聚四氟乙烯膜组合而成，它被夹持在两层牢固的聚酯膜中间。膜上均布0.2微米孔径的微孔，而聚酯膜具有防紫外和耐腐蚀的特点。膜上0.2微米孔径的微孔是灰尘、气溶胶和微生物的有效物理屏障，阻止它们向外扩散。在处理过程中，膜的内表面会生成一层冷凝水膜；废弃物中大多数的臭气物质，如氨气、硫化氢、挥发性有机化合物等，都会溶解于水膜中，之后又随水滴回落到料堆上，在那里继续被微生物分解。系列应用数据表明覆盖膜能将臭气浓度降低90%～97%，使排气中的微生物减少99%以上，因此能保护现场工作人员和周围居民的健康。

第二，通风。为了满足好氧微生物对氧气的基本需求，膜覆盖发酵系统采用中压、高压通风机向底座的通风沟鼓风。覆盖膜具有增压作用，使气体分布更均匀，气流穿透力增强，所需通风量减少。一般用一台风机为一个料堆通风供氧。处理量越大，通风布风系统越经济。

第三，过程控制。处理过程中根据料堆中的氧气浓度和发酵温度控制通风，主要控制通风量和通风时间。所需氧浓度和温度信息用不锈钢探头插入物料堆中测定。数据传入计算机及时反映处理过程现状并记录在案。处理过程可以遥控。微生物的活性维持，可以通过温度控制在适当水平，即设定控制温度，当测试值低于控制温度时，加大通风供氧，增强微生物活性，增加产热量；当测试值高于控制温度时，减少通风供氧，降低微生物活性，使温度回落。

2. 粪水利用模式

(1)粪水肥料化利用模式　粪水经过厌氧发酵或经过氧化塘处理后,为农田提供有机肥水资源,解决粪水处理压力。

(2)粪污能源化利用模式　粪污集中收集后进行厌氧发酵,产生沼渣、沼液和沼气。

(3)粪便基质化利用模式

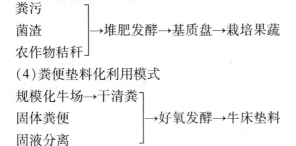

(4)粪便垫料化利用模式

(5)粪便饲料化利用模式

(6)粪便燃料化利用模式　畜禽粪便→搅拌→脱水振筛→脱水加工→挤压造粒→生物质燃料棒。

参考文献

［1］陈幼春．现代肉牛生产［M］．北京：中国农业出版社，1999．

［2］全国畜牧总站．肉牛标准化养殖技术图册［M］．北京：中国农业科学技术出版社，2012．

［3］王居强，闫峰宾．肉牛标准化生产［M］．郑州：河南科学技术出版社，2012．

［4］魏成斌．建一家赚钱的肉牛养殖场［M］．郑州：河南科学技术出版社，2010．

［5］许尚忠，高雪．中国黄牛学［M］．北京：中国农业出版社，2013．

［6］徐照学，兰亚莉．肉牛饲养实用技术手册［M］．上海：上海科学技术出版社，2005．

［7］杨利国．动物繁殖学［M］．北京：中国农业出版社，2010．

肉牛提质增效健康养殖关键技术